DU SUCCÈS

OU

DES REVERS

DANS LES ENTREPRISES

D'AMÉLIORATIONS AGRICOLES.

DE L'ADMINISTRATION DU PERSONNEL DANS UNE EXPLOITATION RURALE.

PAR

C.-J.-A. MATHIEU DE DOMBASLE.

NANCY.

III SEPTEMBRE M DCCC L.

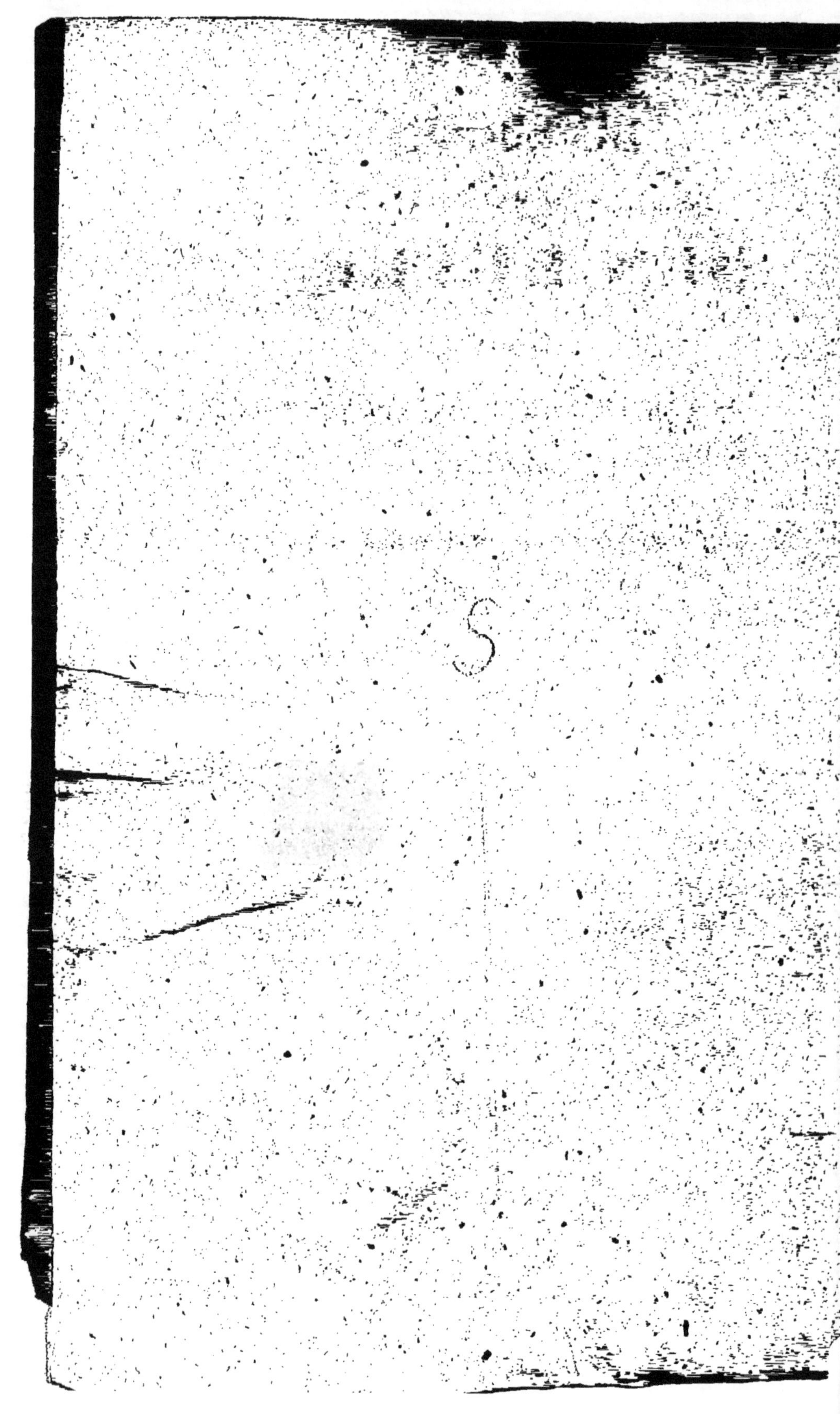

DU SUCCÈS

OU

DES REVERS

DANS LES ENTREPRISES

D'AMÉLIORATIONS AGRICOLES.

DE L'ADMINISTRATION DU PERSONNEL DANS UNE EXPLOITATION RURALE.

PAR

C.-J.-A. MATHIEU DE DOMBASLE.

NANCY.

III SEPTEMBRE M DCCC L.

Parmi les questions proposées à la discussion de la Section d'Agriculture du Congrès scientifique de France, qui va tenir à Nancy sa XVIIe session, on lit, sous le n° 5 :

« Pourquoi les agriculteurs sortis de la classe élevée de la société réussissent-ils si rarement ? Quelle serait la direction à donner à leur exploitation, pour qu'ils en obtiennent les résultats qu'ils ont le droit d'en attendre ? »

C'est là, sans contredit, un sujet important de méditation : mais n'est-il pas du nombre de ces questions délicates qui semblent convenir mal à une discussion publique, car pour résoudre une telle question, il est bien difficile de se renfermer dans le domaine des considérations générales, sans entrer dans celui des faits et par conséquent des personnes, et, en la discutant, il est presque impossible de ne pas se laisser aller à des allusions plus ou moins transparentes, dont la bienveillance la plus affectueuse envers ceux qui en deviendraient l'objet ne serait qu'un baume insuffisant appliqué sur une blessure involontaire?

De tout temps des revers ont signalé la carrière agricole : elle serait trop belle si, comme toutes les autres carrières, elle n'était semée d'écueils. Il est bien vrai que depuis vingt-cinq ans ces revers sont devenus fréquents parmi les cultivateurs sortis de cette partie de la population que MM. les secrétaires généraux du Congrès appellent la *classe élevée* de la société. Avant cette époque, la carrière agricole était, il faut bien le dire, moins hasardeuse qu'elle ne l'est devenue depuis. En agrandissant le champ de ses pratiques et de ses combinaisons, en s'élevant de métier qu'elle était, au rang d'une grande industrie, elle a vu croître ses dangers dans la même proportion que ses moyens de production ou ses chances de succès. Les cultivateurs pris autrefois presque tous dans les rangs de la population des campagnes, travaillaient péniblement, hasardaient peu, partant produisaient peu, vivaient pauvrement et mouraient obscurément; et pourtant tous ne réussissaient pas à assurer à leur vieillesse un repos bien mérité : mais ceux qui, au bout d'une longue vie de travail, se trouvaient en face des infirmités et de la misère, ceux qui, frappés par quelque calamité, étaient forcés, jeunes encore, d'abandonner leur charrue, c'étaient de simples soldats tombés sur un champ de bataille : on les compte ; on ne les nomme pas. Lorsque les hommes de la classe aisée et éclairée commencèrent à s'adonner aux diverses spéculations industrielles et en particulier aux travaux des champs, ce fut seulement alors que l'on eut l'occasion de s'émouvoir des revers qui trop souvent signalèrent leur entrée dans une carrière jusque-là dédaignée par eux. Cette classe dont l'*élévation* avait consisté longtemps à vivre sans rien faire, ou à parcourir à son aise les différentes carrières publiques qui semblaient former pour elle un apanage exclusif, est aujourd'hui, plus qu'elle ne l'a jamais été, portée à embrasser les carrières industrielles, et l'agriculture n'est pas la seule où elle se signale par des succès ou par des revers : les premiers ont peu de retentissement ; les seconds frappent plus vivement, et ce sont eux qui ont provoqué la question proposée par le bureau du Congrès.

Lorsque, il y a près de trente ans, M. de Dombasle quitta la ville pour se faire cultivateur; lorsque contre le vœu de ceux qui croyaient le mieux le connaître, il se fit fermier, fermier pour vingt ans, fermier dans un petit village où l'attendaient beaucoup de peine et beaucoup de gloire, il donna un exemple qui, bientôt, trouva de nombreux imitateurs. Honneur à lui d'avoir eu foi dans l'agriculture : honneur à lui d'avoir, le premier, relevé une profession que la classe *élevée* considérait encore avec une sorte de dédain. Un tel exemple étonna d'abord; puis, peu après, corroboré par les préceptes et les leçons dont Roville devint le premier foyer, cet exemple agit comme une étincelle électrique, et détermina un nombre toujours croissant de vocations et de velléités agricoles. Faut-il donc s'étonner si parmi le grand nombre d'hommes de tout âge et de tout rang qui se précipitèrent dans une carrière dont la plupart n'avaient pas fait un sérieux apprentissage, plusieurs, beaucoup même, les uns trop jeunes, les autres trop vieux, quelques-uns trop timides, presque tous trop confiants, ne se firent remarquer que par leur insuccès? Témoin de ces désastres, impuissant à maîtriser une imprudente ardeur, M. de Dombasle chercha à lui imposer du moins la sagesse de ses conseils. A lui qui, deux fois déjà, avait éprouvé des revers qui ne lui avaient inspiré qu'un nouveau courage pour lutter contre la mauvaise fortune, il appartenait de signaler les écueils contre lesquels il avait vu se briser quelques-uns de ses élèves, et de ses élèves les plus chers. Ce fut sous l'inspiration de ce paternel sentiment qu'il écrivit son remarquable article DES SUCCÈS ET DES REVERS, inséré pour la première fois, en 1832, dans le 8e volume des Annales de Roville. Quelques années après, en 1838, il publia dans la 5e édition de son Calendrier du Bon Cultivateur, un article bien important aussi sur l'*administration du personnel dans une exploitation rurale*. Là sont réunis comme en un corps de doctrine les préceptes les plus sages, les réflexions les plus profondes et les plus vraies, exprimées avec cette noble simplicité de langage qui porte le cachet de la conviction, en même temps qu'elle domine et entraine la confiance. En faisant le tableau des qualités qui constituent l'homme appelé à obtenir des succès dans une exploitation agricole, M. de Dombasle a puisé ses inspirations à deux sources fécondes : sa haute intelligence et son cœur. Quiconque lira et méditera ces deux articles, y trouvera la solution de la question soumise au Congrès, et demeurera convaincu que pour mettre à l'abri des revers les agriculteurs sortis de la classe aisée et éclairée de la société, ce n'est pas une direction nouvelle qu'il faut chercher à donner à leur exploitation : ce n'est pas là qu'est la cause du danger; elle est tout entière dans l'absence de quelques-unes des qualités ou des habitudes qui constituent le véritable agriculteur ; elle est surtout dans l'influence qu'exercent sur eux les mœurs de la ville, et, plus encore, une éducation qui n'est pas en rapport avec les besoins de notre état social, et qui sert mal la tendance des hommes de cette classe vers la première condition de vie de notre civilisation moderne : le travail.

C. DE MEIXMORON-DOMBASLE.

DU SUCCÈS OU DES REVERS

DANS LES ENTREPRISES

D'AMÉLIORATIONS AGRICOLES.

(*Extrait des* Annales de Roville, 8e *livraison* : 1832.)

CHAPITRE PREMIER.

CONSIDÉRATIONS GÉNÉRALES.

De toutes les carrières auxquelles puisse se consacrer un homme éclairé et laborieux, l'agriculture est incontestablement celle qui offre aujourd'hui, en France, le plus vaste champ aux spéculations des hommes qui éprouvent le désir ou le besoin d'employer avec profit pour eux et la société, leur temps et leurs capitaux : dans toutes les autres, les concurrents abondent, et rien de plus difficile que d'obtenir une place demandée par vingt autres, ou de trouver une situation industrielle où la concurrence n'enlève pas d'avance presque tout espoir de succès. Dans la carrière agricole, au contraire, la matière est partout, le champ est immense, et partout manquent les sujets et les capitaux : une vaste portion du territoire est abandonnée à des pratiques agricoles qui y laissent aux terres une valeur vénale ou locative infiniment au-dessous de celle qu'elles devraient avoir, si elles étaient cultivées comme le sont celles d'autres cantons situés dans une position analogue; et dans ces derniers mêmes où la culture a déjà fait plus de progrès, il est cependant une multitude d'améliorations dont quelques pays voisins nous montrent l'exemple et qui pourraient y accroître, dans une proportion très-considérable, les produits du sol et les bénéfices du cultivateur. De toutes parts, ce qui manque pour donner à l'agriculture un essor rapide vers un état plus prospère, ce sont les agriculteurs capables et les moyens pécuniaires. Il y a donc là une carrière immense à parcourir pour tous les sujets et pour tous les capitaux disponibles.

On peut dire que tous les hommes éclairés, en France, ont aujourd'hui le sentiment des vérités que je viens d'énoncer; et cependant, non-seulement on ne voit pas des concurrents nombreux se précipiter dans cette carrière, mais aussi il est certain que parmi ceux qui ont essayé de la parcourir, un nombre assez considérable a échoué, et offre à ceux qui seraient tentés de les suivre, un exemple qui est bien propre à porter au moins l'hésitation dans l'esprit de tous les hommes prudents. Sans doute on trouve presque partout des cultivateurs laborieux et sagement améliorateurs, qui, soit comme fermiers, soit comme propriétaires, font avancer chaque jour de quelques pas, sur une échelle plus ou moins étendue, l'art auquel ils ont dévoué leur industrie; et il n'est aucun de nos départements où il ne se rencontre en ce genre des exemples très-remarquables donnés par des propriétaires qui ont apporté, par l'adoption de procédés nouveaux, des améliorations d'une haute importance dans le revenu des domaines qu'ils font valoir. Mais ces exemples, il faut les chercher, car l'agriculture, en général, n'aime pas l'éclat et se produit peu ; tandis qu'à côté d'eux, sont d'autres exemples de chutes éclatantes, qui semblent signaler une carrière tellement remplie d'écueils, qu'elle ne peut offrir qu'une ruine à peu près certaine à ceux qui seraient tentés de la parcourir.

Il est facile de conclure de l'observation de cet état de choses, que la carrière des perfectionnements agricoles présente réellement des difficultés et des obstacles que l'on n'a peut-être pas signalés jusqu'à ce jour avec assez de précision et d'insistance. C'est à remplir cette tâche que j'ai cru devoir consacrer cet article : je voudrais indiquer les circonstances qui, dans la plupart des cas, amènent les succès ou les revers, à la suite des entreprises d'améliorations agricoles. Le sujet est vaste et fort difficile, car une très-grande variété de causes peuvent exercer ici une puissante influence : mais si j'étais assez heureux pour répandre sur ce sujet toute la lumière dont il est certainement susceptible, et pour offrir à mes lecteurs l'enchaînement des causes et des effets, avec autant de clarté et d'évidence qu'ils se présentent à mon esprit, j'aurais probablement fait une chose fort utile pour l'avancement ultérieur de l'art, et pour les intérêts des hommes qui ont l'intention de s'y livrer avec des vues d'améliorations.

Dans tous les cantons, même les plus arriérés dans l'art agricole, les cultivateurs ordinaires vivent dans un état qui leur permet du moins d'élever leur famille, et dans les cantons les mieux cultivés, le plus grand nombre des fermiers trouvent une honnête aisance dans l'exercice de leur industrie. Partout, si l'on voit quelques cultivateurs éprouver la perte des minces capitaux qu'ils possédaient, on en rencontre aussi un grand nombre qui les accroissent par les profits qu'ils trouvent dans la culture de la terre, et qui changent graduellement leur position de fermiers en celle de propriétaires. Cependant dans ces diverses localités, si un homme qui n'est pas né dans la classe des cultivateurs veut se livrer à la même industrie, avec tous les avantages que lui donnent plus d'instruction et de lumières, et des moyens pécuniaires beaucoup supérieurs, chacun prédit d'avance sa ruine, et l'événement ne vient que trop souvent justifier cette prévision. Serait-il donc vrai que ceux-là seuls sont propres à la culture de la terre qui sont nés de parents cultivateurs; ou que les changements que les hommes éclairés regardent communément comme des perfectionnements et que cherchent ordinairement à introduire dans leurs exploitations ces nouveaux venus en agriculture, ne sont réellement que des innovations plus nuisibles qu'utiles, et qu'il vaut mieux en définitive s'en tenir aux méthodes consacrées par l'habitude dans chaque canton? Cette conséquence est heureusement aussi fausse qu'elle serait destructive de tout progrès ultérieur de l'art : des exemples nombreux que l'on rencontre également partout, lorsqu'on veut les chercher, attestent que le cultivateur peut accroître considérablement ses profits par des innovations sagement calculées, et que des hommes jusque-là étrangers à l'agriculture, peuvent y obtenir des succès que ne peuvent contester les esprits même les plus prévenus : d'ailleurs le public est trop éclairé aujourd'hui pour qu'il se rencontre beaucoup d'hommes devant lesquels il soit nécessaire de raisonner longuement pour leur démontrer qu'il est possible de faire mieux que ne fait le commun des cultivateurs, dans une multitude de localités ; mais je crois qu'il en est un grand nombre qui, ne se rendant pas bien compte des causes de cette contradiction apparente entre un principe qu'ils reconnaissent et des faits qui se sont souvent présentés à leur observation, verront avec plaisir qu'on leur offre le résultat de recherches approfondies sur un sujet qui ne me paraît pas avoir encore été suffisamment examiné.

Il est certain que dans toutes les localités, mais surtout dans celles où l'art a encore fait le moins de progrès, l'homme qui, sans être né dans la classe des fermiers, veut entreprendre de diriger une exploitation rurale, sent bientôt la nécessité absolue où il se trouve de faire mieux, c'est-à-dire, d'employer des procédés plus profitables que les cultivateurs ordinaires de la localité où il s'établit : en effet, en suivant les mêmes procédés que les cultivateurs ordinaires, on n'obtiendrait que des produits égaux à ceux qu'ils tirent de la terre; mais avec des produits égaux, la position des producteurs serait bien différente: nul autre que l'homme né dans la classe des paysans, ne peut mettre dans ses dépenses cette économie si rigide qui seule permet à presque tous les cultivateurs de trouver le moyen de faire subsister leurs familles aux moindres frais possibles; personne ne pourrait employer comme eux le travail du chef et de toute la famille, à créer des produits pour lesquels le prix de leur temps n'est presque pas compté, et bien peu de propriétaires pourraient les imiter dans la surveillance de tous les instants, qui exerce une si puissante influence sur l'économie et la bonne exécution des travaux. D'un autre côté, les profits de la culture ordinaire ont été partout réduits au taux le plus bas possible, par l'effet naturel de la concurrence entre un très-grand nombre d'individus. Il résulte de tout cela que l'homme qui entreprendrait de lutter avec les habitants des campagnes, en se plaçant dans la même position qu'eux, se trouverait dans l'impossibilité de soutenir une telle concurrence; et pour exploiter à côté d'eux, la condition rigoureuse du succès est de faire mieux qu'eux, c'est-à-dire, d'employer des procédés ou des méthodes qui donnent plus de profit; car, en définitive, l'agriculture n'étant autre chose qu'une entreprise industrielle, le succès c'est le profit.

Adopter un système agricole plus profitable que la culture ordinaire du pays, est un problème qu'il est certainement possible de résoudre presque partout; car on ne peut élever de doute à cet égard, que pour un petit nombre de contrées où les propriétés sont très-divisées et ont acquis une valeur très-élevée, et où l'industrie agricole a atteint un haut degré de perfection relative. Partout ailleurs, on peut certainement, par des changements dans les méthodes et les procédés, doubler, tripler, et souvent même décupler les profits que la classe agricole trouve dans l'exploitation du sol. Mais dès qu'il est question de s'écarter du système agricole usité dans un pays, la carrière qui s'ouvre devant l'homme qui veut se livrer aux améliorations est tellement vaste, les routes y sont si diverses, qu'on ne doit pas être surpris qu'une multitude de concurrents s'y soient égarés. On se formerait une bien fausse idée de l'art agricole, si l'on considérait la bonne agriculture comme une combinaison précise, invariable, et pouvant s'appliquer à toutes les localités. Le nombre des combinaisons y est au contraire immense, et le succès dépend presque toujours du discernement avec lequel on en fait l'application. Il ne suffit pas d'accroître la masse des produits, ce qui est partout bien facile à l'homme le moins judicieux, s'il veut y consacrer une certaine dépense : c'est le *produit net* qu'il faut accroître, et cet accroissement dépend de la sagacité avec laquelle on a tracé son plan pour l'application de ses dépenses, de la rectitude de jugement avec laquelle on a choisi une route entre ces routes innombrables qu'offre la culture dans un état avancé. Les circonstances font seules les bons systèmes de culture ; et vouloir réduire la bonne agriculture à l'adoption de tel assolement, de tel genre de bétail, ou de telle ou telle pratique, c'est ignorer complétement la portée de l'art ; et cette funeste erreur a enfanté une incroyable multitude de mécomptes et de chutes. Celui-là est le meilleur agriculteur, ou plutôt celui-là seul est agriculteur qui, connaissant les pratiques usitées ailleurs dans diverses circonstances, et sachant s'orienter dans la localité où le hasard le place, parvient à discerner quelles sont celles de ces pratiques qui peuvent le mieux convenir aux circonstances dans lesquelles il se trouve placé : aussi je pense que l'on emploie une expression fausse, lorsqu'on parle, comme on le fait si souvent, de *l'agriculture perfectionnée ;* car il n'y a pas un système agricole particulier auquel on puisse appliquer ce nom : on devrait dire, *l'agriculture raisonnée.* Le cultivateur ordinaire raisonne peu ; il suit une méthode établie et qu'il a apprise par l'exemple ; les résultats de cette méthode, du moins pour une moyenne d'un certain nombre d'années, sont connus et laissent peu de chances défavorables : si elle est peu lucrative, elle l'est néanmoins assez pour assurer la subsistance de ceux qui la suivent, pourvu qu'il se trouvent placés dans des conditions communes. Mais pour celui qui adopte un système nouveau, les bases de calcul économique manquent toujours de précision ; et, du moins dans les débuts de son entreprise, il travaille sur des données qui présentent nécessairement beaucoup de vague, et qui ne pourront acquérir quelque certitude que par les résultats de ses premiers travaux. Dans ces circonstances, si l'on se persuade que pour toute personne et dans la première ferme venue, il suffit, pour tirer de grands profits de la culture, d'abandonner ce qu'on appelle dédaigneusement les voies de la routine, d'adopter un assolement nouveau et des pratiques vantées dans les meilleurs traités agricoles, on se livre à la plus funeste erreur; car en prenant une route nouvelle, on en choisit peut-être une qui ne vaut pas même l'ancienne, relativement aux circonstances spéciales dans lesquelles se trouve le domaine; et si la route que l'on choisit est réellement bonne, on ne se sera peut-être pas ménagé les moyens de pouvoir la suivre pendant un temps suffisant pour atteindre au but où elle doit conduire : car dans le changement complet de tout un système agricole, les données *à priori* sont si rarement certaines, qu'il est bien difficile à l'homme qui n'a pas acquis une longue expérience sur ces matières, d'établir d'avance des calculs qui offrent pour la pratique un degré suffisant de certitude. Une entreprise d'améliorations agricoles échoue souvent parce que la persévérance a manqué à celui qui l'avait formée, et cette persévérance n'est guère possible à celui qui ne voit pas bien clairement, dans un avenir souvent fort éloigné, des résultats sur lesquels il est bien facile de se méprendre : d'un autre côté, si l'on s'obstine dans l'exécution d'un plan originairement mal conçu, la chute n'en est que plus funeste.

Telles sont les difficultés de cette carrière, en les considérant sous un point de vue général : un très-grand nombre d'hommes les ont néanmoins surmontées sur presque tous les points de la France, et se livrent tous les jours à des améliorations agricoles aussi lucratives pour eux-mêmes que profitables à l'intérêt général du pays. Il est facile de conclure de ces considérations que la réussite dans une entreprise agricole est liée à certaines conditions. On peut jusqu'à un certain point déterminer ces conditions, et c'est ce que je vais tenter de faire, en les rangeant en deux classes qui comprennent les principales circonstances qui peuvent exercer quelque influence sur les succès ou les revers dans une entreprise agricole : j'appellerai *conditions matérielles* celles qui se rapportent aux diverses circonstances du domaine exploité et du capital consacré à l'exploitation; et *conditions morales* celles qui ont rapport aux dispositions, aux connaissances et aux facultés intellectuelles de la personne qui dirige l'entreprise.

CHAPITRE II.

CONDITIONS MATÉRIELLES.

§ Ier. *Le Domaine.*

Dans beaucoup de cas, l'homme qui désire se consacrer à la carrière agricole, n'est guère tenté d'aller chercher au loin le domaine sur lequel il exercera son industrie : s'il ne se détermine pas pour la localité dans laquelle il est propriétaire, ou dans laquelle il est né, ses recherches n'embrasseront qu'un rayon peu étendu. Cependant on pourrait croire qu'il existe une énorme différence entre les chances de succès que l'on peut se promettre dans une entreprise de ce genre, selon les circonstances de la localité dont on fera choix. Dans quelques cantons, on pourra obtenir à quatre ou cinq cents francs par hectare de prix d'achat, ou à quinze ou vingt francs de loyer, des terres naturellement aussi bonnes que celles qu'il faudrait payer ailleurs à un prix cinq ou six fois plus élevé. On conçoit bien que cette différence peut en apporter une très-grande dans les résultats financiers de l'entreprise; néanmoins cette considération a été fréquemment la source des mécomptes les plus graves, et elle a déjà donné lieu à des désastres agricoles très-nombreux. On a cru qu'il était presque impossible de ne pas parvenir à obtenir des produits à très-bas prix sur une terre dont la rente était aussi peu élevée; et trop souvent on a trouvé qu'en définitive les inconvénients attachés à une localité peu favorable, et les dépenses auxquelles il faut se livrer pour mettre en valeur un domaine jusque-là négligé, compensent et bien au-delà, dans le cas même où le sol est naturellement de bonne qualité, l'excédant de rente dont eût été chargé un terrain situé dans un canton où la culture est plus avancée. Cette observation s'applique spécialement à de vastes portions de territoire situées dans le centre et l'ouest de la France, où l'on rencontre d'immenses étendues de landes qui, à leur aspect, semblent indiquer un haut degré de fertilité, et souvent aussi des terres déjà mises en culture où, à en juger par les apparences du sol, la médicité des récoltes qu'on en tire semble n'être due qu'à l'imperfection des procédés qu'on y emploie. Il est presque impossible à l'homme qui n'est pas familiarisé avec le genre de difficultés que l'on rencontre dans ces localités, et qui ne connaît que les terres de nos départements où l'agriculture est plus avancée, de ne pas se laisser entraîner aux illusions les plus complètes sur les résultats économiques de la culture dans ces sols de landes d'un travail si facile par la nature du terrain, et qui ne semblent différer des sols les plus fertiles que par une fertilité plus grande encore. A côté d'une lande inculte ou d'une terre de lande récemment défrichée, mais dont le produit est presque nul, on trouve, principalement dans le voisinage des habitations, des portions de terres évidemment de même nature, et qui se couvrent chaque année des plus riches produits : de là on est porté à conclure qu'il n'y a qu'un pas à faire pour amener au même degré de fertilité de vastes étendues de terrain : mais on ne sait pas ce qu'il a fallu de temps, d'engrais et de soins pour arriver à ce résultat. Les terres de landes sont d'une nature entièrement spéciale : les principes de la fertilité y existent certainement, et même souvent à un très-haut degré ; mais, soit qu'il y ait un défaut de proportion entre ces principes, soit qu'ils y soient accompagnés par une substance nuisible à la végétation, soit qu'ils forment entre eux des combinaisons peu favorables à la nutrition des plantes cultivées, il est certain que la plupart des sols de cette espèce n'ont pu jusqu'ici être amenés à un état satisfaisant de fertilité que par des procédés longs et dispendieux. La science agricole découvrira, je n'en doute pas, des moyens plus prompts et moins coûteux, et c'est là certainement un de ses plus beaux champs de recherches ; car l'étendue des terrains de cette nature est immense, et pour y créer la fertilité, il n'est question probablement que de former avec les éléments qui existent dans le sol même, des combinaisons nouvelles. Mais jusqu'à ce que l'art ait fait ce nouveau pas, on doit mettre une extrême circonspection dans les entreprises agricoles formées sur des sols de landes.

C'est surtout aux hommes qui désirent former une entreprise agricole en qualité de fermiers, que s'adressent les observations que je viens de présenter sur les sols de landes, et qui peuvent s'appliquer en partie à un grand nombre de défrichements de terrains d'autre nature, mais qui n'ont pas encore été soumis à la culture. Les entreprises de cette espèce conviennent bien rarement à un fermier, non-seulement parce qu'il pourra s'écouler un temps fort long avant que le terrain soit en pleine valeur, mais aussi parce qu'il est bien difficile d'apprécier d'avance les dépenses et le temps qu'exigera cette amélioration. Il peut en être autrement de l'homme qui, travaillant sur une propriété qui lui appartient, et avec des capitaux suffisants, est à peu près assuré de récupérer tôt ou tard les avances qu'ont exigées ses améliorations, pourvu que celles-ci aient été sagement calculées. Il est, d'ailleurs, une considération qui peut déterminer dans ce cas un propriétaire prévoyant, et qui est entièrement étrangère au fermier : c'est la certitude de profiter par la suite, non-seulement de l'augmentation de valeur foncière que ses opérations donneront au domaine, mais aussi de l'accroissement progressif de valeur que ne peuvent manquer d'acquérir les propriétés rurales, dans la partie du pays dont je parle ici, par le seul effet de l'amélioration générale des procédés de culture qui est déjà très-sensible dans ces cantons. Je pense donc qu'en général c'est aux propriétaires qu'il faut laisser la tâche de mettre en valeur la plus grande partie des terrains qui peuvent faire le sujet d'un défrichement; et je n'en excepte que ceux où il est bien démontré par les faits, qu'avec une simple culture et peu de dépense, ils peuvent être portés immédiatement à un degré satisfaisant de fertilité : pour ceux-là qui, au reste, ne se rencontrent qu'en fort petit nombre, un fermier peut très-bien en faire l'objet de ses spéculations, pourvu que le propriétaire consente à les pourvoir des constructions nécessaires : mais pour tous les autres domaines incultes dans une grande partie de leur étendue, il me semble bien difficile que les stipulations d'un bail puissent permettre à un fermier prudent de se charger de les mettre en valeur. De nombreux revers ont déjà signalé les entreprises de cette espèce, et je pense que le propriétaire qui voudrait amener un fermier à prendre à son compte une amélioration semblable, devrait du moins lui accorder des clauses beaucoup plus libérales qu'on n'a coutume de le faire. Le résultat le plus certain des travaux du fermier, dans ce cas, est un accroissement très-considérable de la valeur foncière du domaine : il est donc juste que le propriétaire, qui profitera seul de cette augmentation, y contribue pour sa part, par quelques avantages accordés au fermier.

Dans tous les cantons dont je viens de parler, c'est-à-dire, dans ceux où l'art agricole est encore très-arriéré, on doit s'attendre aussi à rencontrer d'autres genres de difficultés, et en particulier le défaut de communications, et l'insuffisance ou les dispositions peu laborieuses de la population. Il faut avoir vu de près les inconvénients qui résultent de ces deux vices si communs dans nos provinces centrales, pour les apprécier à leur juste valeur, et pour connaître la gravité des obstacles qu'ils apportent au développement de l'industrie du cultivateur. Le temps, sans doute, apportera du remède à cet état de choses, et l'intervention des propriétaires peut beaucoup pour le faire graduellement disparaître; mais il forme aujourd'hui un motif puissant pour engager à une grande circonspection l'homme qui aurait l'intention de former une spéculation agricole dans ces contrées.

Dans quelque situation que soit placé le domaine qui fait l'objet d'une entreprise agricole projetée, le prix d'achat ou du loyer doit être le sujet d'une attention particulière, surtout de la part de l'homme qui est étranger à la localité. Trop souvent, séduit par des circonstances qui lui semblaient très-favorables à d'importantes améliorations, un jeune agriculteur s'est déterminé à acheter ou à affermer un domaine à un prix beaucoup supérieur au taux ordinaire dans la localité. C'est là presque toujours une faute très-grave : l'avenir peut dévoiler dans d'autres circonstances locales des motifs de réduire considérablement les avantages qu'on avait cru d'abord découvrir dans l'exploitation du domaine : s'il a été acheté au taux ordinaire du canton, le mal est réparable ; et s'il a été affermé au prix ordinaire, le fermier peut toujours espérer de faire du moins un peu mieux que le commun des cultivateurs qui auraient pu en donner ce prix : mais tout ce qui excède ce taux commun, est une valeur fictive et purement idéale, sur laquelle il n'est que trop facile de se créer de funestes illusions ; et d'ailleurs, le prix du domaine au taux ordinaire, est le seul sur lequel le propriétaire ait droit de fonder ses prétentions ; l'excédant de produit que pourra en obtenir par ses travaux un nouvel exploitant, soit comme acquéreur, soit comme fermier, n'est que le juste fruit de son industrie et des capitaux qu'il y a consacrés ; lui seul court les chances défavorables de cette entreprise, lui seul doit en recueillir les bénéfices. Je n'aurais pas insisté sur un principe aussi conforme à la raison et à l'équité, s'il ne s'était rencontré plus d'un cas où les prétentions exagérées des propriétaires de domaines où tout était à faire pour l'amélioration, et les espérances tout aussi exagérées de la part de ceux qui ont formé ces entreprises, ont donné lieu à des revers que pouvait facilement prévoir l'homme qui calcule froidement les chances des spéculations de cette nature.

Il est certain, néanmoins, qu'un propriétaire peut dire que le prix commun du fermage est fixé pour la durée commune des baux, c'est-à-dire, ordinairement pour une durée fort courte, et que s'il consent à accorder un bail plus long, il a droit de demander un fermage plus élevé. Quoiqu'il soit vrai qu'il sera presque toujours plus profitable au propriétaire de louer à prix égal pour un bail de 27 ans, que successivement pour 3 termes de 9 ans, parce que le domaine sera certainement beaucoup plus amélioré dans le premier cas que dans le second, cependant il arrivera souvent, par l'effet d'une disposition fort naturelle chez les propriétaires, que le fermier sera forcé de consentir à quelque augmentation de fermage, pour obtenir un bail de longue durée : mais ce n'est qu'après une période égale à celle de la durée ordinaire des baux que devrait raisonnablement commencer cette augmentation, et, en la fixant, le fermier doit bien se garder de se laisser entraîner à des espérances exagérées d'améliorations qui ne se réaliseront peut-être qu'en partie, ou plus tard qu'on ne l'avait prévu.

§ II. *Le Capital.*

On trouve aussi dans le capital consacré à une entreprise agricole, une des conditions les plus importantes du succès qu'on peut raisonnablement en attendre. Si ce capital est insuffisant, en vain le cultivateur se trouvera placé dans les conditions d'ailleurs les plus favorables ; en vain il possédera les connaissances, l'activité et l'esprit d'ordre qui pourraient assurer le succès de son exploitation : il se trouvera entravé dans toutes ses opérations, de telle manière que s'il n'échoue pas dans une entreprise d'ailleurs bien conçue, il verra du moins se reculer à un terme bien éloigné les bénéfices qu'il pouvait en attendre. L'agriculture, en effet, de même que tout autre genre d'industrie qui a pour but la production, exige l'emploi d'un capital primitif. Compter sur les bénéfices pour compléter un capital insuffisant, est le calcul le plus erroné ; car le capital est la condition la plus indispensable à la création de ce bénéfice. Il n'est personne qui ne sache que lorsqu'on veut apporter des modifications importantes au système de culture auquel était soumis un domaine, on doit se résigner à la nécessité d'éprouver beaucoup de non-valeurs dans les premières années d'exploitation ; d'ailleurs, dans les débuts d'une entreprise agricole, on doit s'attendre à des non-valeurs d'un autre genre, parce que l'homme même le plus expérimenté commettra certainement, dans un domaine qu'il ne connaît pas encore, des fautes qui diminuent du moins les bénéfices qu'il eût pu faire. Dans ces circonstances, commencer avec un capital qui serait insuffisant pour la marche d'une entreprise dans son cours régulier d'activité, est une faute que l'on paiera presque toujours par une chute éclatante, ou par la lente agonie de quelques années de stériles efforts. En procédant avec une extrême lenteur dans les améliorations, un cultivateur distingué par son intelligence et son industrie, pourra quelquefois accroître progressivement son capital, à mesure que sa culture s'améliore; mais ce n'est guère que dans la classe des habitants des campagnes, et à l'aide de la rigide économie qui les caractérise, que l'on verra se réaliser cette création du capital par l'industrie elle-même : dans toute autre circonstance, rien de plus imprudent que de se mettre à l'œuvre sans posséder préalablement ce capital.

On a quelquefois évalué la quotité du capital d'exploitation nécessaire à la culture d'un domaine, en le fixant en proportion de la rente ou du loyer de ce domaine. Cette base de calcul est entièrement vicieuse : en effet, supposons un domaine de 100 hectares, dans un canton où le loyer peut être porté à 100 francs l'hectare : un capital de 40,000 fr. consacré à l'exploitation de ce domaine, formera quatre fois le montant de la rente qui sera de 10,000 fr., et il sera suffisant dans beaucoup de cas. Mais si l'on applique le même capital à un domaine de 10,000 fr. de loyer dans un canton où la terre ne vaut que 20 fr. par hectare, le capital se trouvera bien au-dessous du strict nécessaire pour une exploitation dont l'étendue sera de 500 hectares.

Une donnée beaucoup plus raisonnable pour l'évaluation du capital d'exploitation, est celle qui le fixe proportionnellement à l'étendue de terrain dont se compose le domaine ; et il ne serait même pas difficile de montrer qu'un domaine loué à bas prix, qui a par conséquent besoin d'améliorations, et qui fera vraisemblablement attendre pendant longtemps les bénéfices qu'on peut en espérer, exige, à surface égale, et pour un loyer beaucoup moindre, un capital plus considérable qu'un domaine déjà en bon état de culture. Il est fort difficile, toutefois, de fixer à une somme précise par hectare le capital nécessaire pour suffire à une bonne exploitation d'un domaine rural, car la quotité de ce capital pourra varier d'après un assez grand nombre de circonstances : par exemple dans la proximité d'une grande ville où il convient mieux au cultivateur de vendre ses fourrages et d'acheter du fumier que d'entretenir de nombreux bestiaux, le capital engagé dans la spéculation agricole est moins considérable que dans d'autres circonstances. La nature du bétail qu'il convient au cultivateur d'entretenir, peut aussi apporter des différences considérables dans la quotité du capital dont il a besoin. S'il se déterminait pour des races d'animaux d'un grand prix, il en résulterait une grande augmentation dans sa mise de fonds. Le système agricole que l'on veut adopter peut aussi, même sans sortir des assolements alternes, les seuls que j'aie en vue ici, apporter des différences importantes dans la quotité du capital qu'exigera l'exploitation. Enfin plus l'exploitation est petite, plus il faudra élever le chiffre de la somme nécessaire par hectare ; et si l'on compare sous ce rapport une ferme de 100 hectares à une autre de 500, placée dans les mêmes circonstances, on trouvera que si un capital de 40,000 fr. est nécessaire dans la première pour y établir un système de culture déterminé, il s'en faudra de beaucoup que l'on doive porter à 200,000 fr. le capital qui sera nécessaire à l'adoption du même système de culture dans la seconde : presque toujours, un fermier, dans cette dernière, sera plus au large dans ses opérations financières avec un capital de 150,000 fr. qu'avec 40,000 fr. dans la première. Je ne puis m'empêcher toutefois de faire remarquer ici que cette vérité incontestable a fréquemment induit aux calculs les plus erronés des hommes qui ont préféré une grande exploitation à une petite, en considération de cet avantage, quoiqu'ils ne possédassent pas un capital suffisant pour une grande entreprise. Une telle faute ne peut guère manquer d'être punie par une catastrophe, surtout pour celui qui n'a pas encore l'habitude de manier une grande affaire; car ici l'inconvénient de l'insuffisance du capital, ou les résultats des fautes que l'on peut commettre, trouvent pour multiplicateur le nombre d'hectares dont se compose le domaine.

Pour prendre ici une donnée moyenne entre les diverses circonstances qui peuvent élever ou abaisser le chiffre du capital nécessaire à l'exploitation d'un domaine, je dirai que pour une exploitation de 200 hectares, on peut admettre qu'un capital de 60,000 fr., ou 300 fr. par hectare, sera suffisant dans la plupart des cas, pour l'introduction immédiate d'un système de culture alterne ; mais qu'il est très-peu de circonstances où il soit prudent de former cette entreprise avec un capital inférieur à celui-ci. Pour une exploitation de moitié de cette étendue, c'est-à-dire, de 100 hectares , je porterais le capital en moyenne à 400 fr. par hectare, ou 40,000 fr.; et l'accroissement serait de même progressif, à mesure que l'étendue de l'exploitation diminuerait. Je suppose qu'il n'est question que du capital mobilier, c'est-à-dire qu'il ne devra rien en être distrait pour des améliorations foncières importantes, comme constructions, clôtures, défrichements, établissement d'irrigations, etc.; je suppose aussi que le payement du fermage sera réglé de manière qu'il puisse se faire, du moins pour la plus grande partie, sur le produit des récoltes de chaque année; car si, d'après les stipulations de son bail, le fermier devait faire l'avance d'une année de fermage, cela exigerait un accroissement dans le capital. Telles sont, je pense, les données que peut prendre pour base un fermier. Quant au propriétaire qui veut entreprendre l'exploitation de son propre domaine, son calcul doit être entièrement le même, s'il veut que l'exploitation lui paye chaque année le montant du fermage qu'il eût pu tirer de ses terres, et il est nécessaire qu'en formant son entreprise, il calcule à part les sommes qui lui sont nécessaires pour des constructions ou autres améliorations foncières, et pour former le capital mobilier d'exploitation. Mais si le propriétaire, pouvant se priver, pendant quelques années, du revenu de son domaine, se détermine à en employer tous les produits à l'accroissement du capital, il pourra à la rigueur se dispenser d'appliquer une somme aussi considérable au capital circulant. Cependant il faut se garder de porter trop loin cette réduction, car le produit du domaine ne s'accroîtra qu'avec l'emploi d'un capital plus considérable, en sorte que le revenu ne pourra apporter de grands accroissements au capital qu'à l'époque où celui-ci n'en aurait plus besoin ; et tant qu'il y aura insuffisance, le capital ne pourra du moins s'accroître que lentement. Ainsi il est toujours bien préférable pour le propriétaire lui-même d'avoir le capital prêt, pour l'appliquer à son exploitation, aussitôt que par l'effet de ses premiers travaux il aura reconnu avec certitude la marche qu'il doit suivre ; car la prudence veut qu'il tienne en réserve pendant quelque temps ce capital, pour se livrer à la série de recherches qui doivent lui indiquer les moyens de l'appliquer utilement, comme je l'expliquerai dans le quatrième chapitre de ce mémoire : mais pour le propriétaire comme pour le fermier, il faut toujours que ce soit dans les préceptes de la prudence et non dans l'insuffisance du capital qu'ils rencontrent le modérateur de leur marche progressive dans les améliorations ; car si la sagesse ne permet pas d'aller trop vite dans cette carrière, le besoin continuel d'argent est certainement le plus ruineux de tous les modérateurs.

Le propriétaire qui forme une entreprise d'améliorations sur son propre domaine pour le soumettre à un système de culture nouveau, doit s'être bien assuré d'avance qu'il pourra la poursuivre jusqu'à son terme, et qu'il ne sera pas forcé, soit par l'insuffisance de ses capitaux, soit par toute autre cause, d'abandonner son exploitation, non-seulement avant que les améliorations soient terminées, mais même avant qu'il ait pu en recueillir le fruit pendant un temps assez long pour qu'il ne reste pas de doute dans le public sur les produits qu'il en tire et sur la nouvelle valeur qu'il a ainsi donnée à sa propriété ; autrement, il doit s'attendre à éprouver une perte plus ou moins importante, soit qu'il veuille vendre son domaine, soit qu'il cherche à l'affermer. En supposant même que toutes les sommes qu'il a appliquées à l'amélioration ont été employées avec discernement, c'est-à-dire, avec un profit réel pour le domaine, il est très-probable qu'un acquéreur ou un fermier n'appréciera pas ces améliorations à leur véritable valeur. Si c'est dans un pays de métayage, le domaine ne sera peut-être plus propre à ce mode d'exploitation, et l'on pourra ne pas trouver de fermier en état de l'exploiter ; et dans un canton où l'usage des baux à ferme est établi, il sera bien rare qu'un fermier consente à louer ce domaine à un prix beaucoup plus élevé que la valeur qu'on lui connaissait depuis longtemps dans le pays, en sorte qu'il y aura perte au moins d'une bonne partie du capital employé à l'amélioration; et le domaine livré peut-être de nouveau à la culture ordinaire pour laquelle plusieurs dépenses d'améliorations n'avaient pas été calculées, aura englouti en pure perte des sommes considérables, qui eussent été employées avec profit si le propriétaire eût persévéré dans son entreprise.

Je pourrais m'étendre encore beaucoup sur les *conditions matérielles* du succès dans les spéculations agricoles; mais j'ai voulu seulement indiquer les principales de ces conditions, en signalant les écueils contre lesquels les entreprises de ce genre viennent le plus fréquemment échouer. Je passe donc aux *conditions morales,* qui sont encore d'une plus haute importance que les premières. En effet, si l'homme qui forme une spéculation agricole, réunissait en sa personne toutes les conditions nécessaires au succès, c'est-à-dire, si rien ne lui manquait sous le rapport des connaissances agricoles, de l'esprit d'observation, de la persévérance, de l'art de choisir et de diriger les agents inférieurs, et surtout sous le rapport de la prudence, de l'activité et de l'esprit d'ordre, il ne faudrait guère s'inquiéter des conditions matérielles de son entreprise; il saurait bien, dans le choix du domaine et dans l'appréciation du capital qu'il doit y consacrer, mettre en sa faveur toutes les chances de succès dans sa spéculation. Il est certes bien impossible qu'un même homme réunisse à un haut degré les connaissances et les qualités que je viens d'énumérer; mais comme ce sera presque toujours de leur réunion plus ou moins complète ou de leur absence, que dépendront les succès ou les revers dans une entreprise agricole, je ne craindrai pas de m'étendre un peu longuement dans les développements auxquels donneront lieu ces diverses conditions.

CHAPITRE III.

CONDITIONS MORALES.

§ Ier. *L'instruction.*

L'instruction agricole forme sans contredit un des points les plus importants pour la réussite d'une entreprise de ce genre; et je dis à dessein *l'instruction agricole,* car je ne voudrais pas que l'on crût que j'ai voulu désigner par là cette grande variété de connaissances que beaucoup de personnes regardent comme indispensable à un agriculteur. La physique, la chimie, l'histoire naturelle, la statistique, etc., sont certainement fort utiles dans quelque position de la vie que l'on se trouve; et il serait même à désirer qu'un grand nombre de cultivateurs possédassent ces connaissances, car l'art pourrait ainsi faire des progrès beaucoup plus rapides, en s'éclairant des observations que les sciences lui fourniraient. Une multitude d'opérations de l'agriculture pourraient être soumises à des règles dictées par les recherches de la science; et si ces règles n'existent pas encore, on doit l'attribuer à l'ignorance dans laquelle ont été presque toujours plongés les hommes qui s'occupaient de la culture de la terre, et à l'éloignement qu'ont témoigné les savants, jusqu'à une époque encore très-rapprochée de nous, à s'occuper des applications que la science pouvait offrir à la pratique de l'agriculture. Aussi longtemps que des hommes versés dans les sciences ne viendront pas se livrer à des études longues et approfondies sur les matières agricoles, c'est-à-dire, tant qu'ils ne quitteront pas les villes pour se placer eux-mêmes à la tête des exploitations rurales, l'application des sciences à l'agriculture sera une branche de connaissances qui restera à créer : mais s'il est vrai qu'il serait fort utile pour l'avancement ultérieur de l'art, et sous des rapports d'intérêt général, que beaucoup d'agriculteurs fussent des savants, ou que des savants se livrassent à la pratique de cet art ; il est bien certain aussi qu'en considérant la chose, comme je le fais ici, sous le rapport des chances de réussite d'une entreprise en particulier, rien n'est moins important que la réunion de ces connaissances dans l'homme qui doit la diriger ; car il faut bien convenir que jusqu'ici les sciences physiques et naturelles n'ont répandu que bien peu de lumières sur l'art de cultiver la terre. La vérité de cette assertion pourra être contestée par des savants étrangers à l'art agricole, et peut-être aussi par beaucoup de personnes aussi étrangères aux sciences qu'à l'agriculture ; mais je ne crains pas d'affirmer qu'elle ne trouvera pas de contradiction parmi les hommes versés à la fois dans l'étude des sciences et dans la pratique de l'art. J'irai même plus loin, et je dirai que je suis convaincu que, toutes choses égales d'ailleurs, il y aura moins de chances de succès pour le savant, à moins qu'il ne soit doué d'une extrême rectitude de jugement, et de cette disposition d'esprit qui ramène toujours au positif ; sans cela de fausses analogies seront bien souvent pour lui un fanal trompeur, et l'habitude de tirer d'un principe toutes ses conséquences, l'entraînera fréquemment dans des routes où il sera forcé de reconnaître trop tard l'insuffisance des prévisions de la science. Je réduirai donc à un petit nombre les connaissances accessoires qui peuvent contribuer au succès d'un agriculteur. Dans les sciences naturelles, la botanique lui est réellement utile, de même que quelques notions de géométrie et de mécanique : s'il y joint la connaissance de quelque langue étrangère, surtout de la langue allemande, qui nous offre peut-être aujourd'hui les ouvrages les plus utiles à la pratique de l'art agricole, il possédera réellement les principales connaissances accessoires qui peuvent exercer quelque influence sur le succès de son entreprise.

Mais le point fondamental dans l'instruction qui peut assurer la réussite d'un agriculteur, ce sont les connaissances agricoles proprement dites que l'on peut considérer sous trois points de vue : *les connaissances du métier*, celles *de l'art, et* celles *de la science.* Le *métier* se circonscrit à des connaissances en quelque sorte matérielles, et en les bornant à une seule localité et à un mode de culture déterminé : il apprend à connaître la terre, à apprécier les effets des cultures qu'on lui donne dans telle ou telle circonstance, à juger de l'époque la plus convenable pour la semaille, la manière d'y procéder, les soins qu'exige chaque espèce de bétail, etc., etc. Le métier s'améliore par l'expérience, c'est-à-dire, par l'observation des faits, en se bornant aux conséquences les plus immédiates qu'on peut en tirer pour un cas particulier. L'agriculture réduite au métier, embrasse encore une carrière très-vaste et remplie d'une multitude de détails, et qu'il n'est pas donné à tous les praticiens de parcourir avec distinction, parce que l'observation des faits doit venir constamment ajouter à la masse des connaissances de cette espèce, et parce que tous les esprits ne sont pas également attentifs et observateurs. L'*art* considère la culture de la terre sous un point de vue beaucoup moins restreint que le métier : il étudie, compare et combine entre eux les procédés qui sont du métier dans divers pays et diverses circonstances, mais toujours en prenant pour boussole la pratique, et en envisageant ces procédés relativement aux circonstances locales dans lesquelles il aura à en faire des applications; il raisonne ses opérations beaucoup plus que ne le fait le métier; il calcule les résultats économiques de diverses combinaisons ou systèmes de culture : il se rend compte des résultats de ses opérations, persévère dans la route qu'il avait adoptée, ou la quitte pour en prendre une autre, selon qu'il le juge conforme aux intérêts de la spéculation. La *science agricole*, que je considère ici comme entièrement distincte des sciences accessoires, étudie les rapports entre les causes et leurs effets; elle s'efforce de généraliser les conséquences des observations que lui offre la pratique, et d'en tirer des préceptes qui deviendront *de l'art*, lorsque la pratique les aura confirmés; elle cherche dans les autres branches des connaissances humaines des secours et des auxiliaires. Cette définition suffit pour faire pressentir que la science, dans l'acception que j'attache ici à ce mot, n'apportera pas à une entreprise agricole de grandes chances de succès. Je n'hésite pas à dire, au contraire, non-seulement qu'elle est inutile à l'homme qui veut cultiver un domaine avec profit, mais même qu'elle lui serait souvent funeste, tant à cause des distractions que ses études et ses recherches apporteraient à l'attention qu'il doit diriger sans cesse vers les détails de ses opérations, qu'à cause de la tendance systématique que prend facilement un esprit disposé à généraliser les résultats de ses observations, au lieu de se contenter d'en tirer les conséquences le plus immédiatement applicables à la pratique. La science a des illusions tellement séduisantes, qu'il est bien difficile de s'en défendre, du moins jusqu'à ce que les faits soient venus nous détromper ; et c'est un genre de leçons que l'on paye souvent un peu chèrement. Le métier se tient en arrière des connaissances de pratique qui s'acquièrent chaque jour hors d'un rayon très-circonscrit, autour du champ où il s'exerce ; la science s'élance en avant de ces connaissances ; mais cette route qui convient à son essence, peut devenir périlleuse pour la pratique, et compromet souvent la réussite.

En proscrivant la science parmi les conditions du succès matériel d'une spéculation agricole, personne ne sera tenté sans doute d'y admettre exclusivement les pratiques du métier ; et je pense que l'on doit, sans hésiter, regarder les connaissances de l'art comme formant essentiellement, sous le rapport de l'instruction agricole, la condition indispensable du succès : mais il faut encore supposer ici que dans l'art nous comprenons les connaissances du métier ; car si ce dernier ne suffit pas, l'art, aussi, manquerait bien certainement son but, s'il était privé de l'intelligence de cette multitude de détails et de pratiques de tous les instants qui constituent le métier. Je ne veux pas dire qu'il est nécessaire que l'homme qui dirige une exploitation, joigne aux connaissances de l'art la dextérité que donne l'habitude dans les diverses opérations manuelles du métier ; qu'il panse lui-même ses chevaux, ou sème ses grains de sa propre main : mais je regarde comme indispensable qu'il connaisse bien les détails de toutes ces opérations, pour être en état de juger de leur bonne ou mauvaise exécution, de savoir la durée du temps qui doit y être employé par un nombre déterminé d'ouvriers, etc, : s'il ne laboure pas lui-même sa terre, il faut qu'il soit en état de juger l'époque à laquelle il convient de le faire, la profondeur et la largeur de raie qui conviennent à chaque culture, selon les circonstances, et, en un mot, qu'il possède tout ce qui constitue les connaissances du métier. S'il était possible de concevoir l'art isolé et privé des connaissances de cet ordre, je n'hésiterais pas à dire que le métier vaut mieux que l'art, et qu'il est plus propre à assurer le succès d'une entreprise agricole, ou du moins à la préserver de sa ruine. Je considérerai donc les connaissances du métier comme formant dans l'art une division assez nettement tranchée, mais d'une grande importance pour le succès de la spéculation.

L'art étant ainsi défini, nous devons rechercher les moyens par lesquels un homme peut acquérir les connaissances qui le constituent. J'indiquerai d'abord les *livres* ou écrits relatifs à l'agriculture. Cet art se trouve placé sous ce rapport, dans une situation analogue à celle de toutes les branches des connaissances humaines, auxquelles les publications par la voie de la presse ont imprimé un si rapide essor vers les améliorations ; les livres sont le moyen le plus efficace et le plus puissant de rendre communes à un grand nombre d'hommes les connaissances acquises par un seul, de faire jouir toutes les nations du globe des avantages qui peuvent résulter pour elles des pratiques de l'art, enfouies dans le canton le plus ignoré, ou des découvertes que l'observation présente à un individu, sur un point quelconque de la terre. Cependant il est impossible de se dissimuler que l'on a considéré souvent d'une manière erronée la part que l'on doit assigner à la lecture des ouvrages d'agriculture, dans l'instruction qui est nécessaire à l'homme qui veut se livrer à la pratique de l'art. Il en est des livres d'agriculture, comme de tous ceux que l'on publie sur les diverses branches des connaissances humaines : tous n'ont pas un mérite égal; quelques-uns de ces ouvrages sont bons, d'autres, médiocres, et d'autres fourmillent d'erreurs : dans les meilleurs mêmes, tout n'est pas également bon ; et nul écrivain certainement n'a pu se garantir d'assertions erronées ou d'idées qui manquent de justesse. D'un autre côté, les préceptes même les mieux fondés ne peuvent s'appliquer au hasard et indifféremment à toutes les circonstances : et c'est bien souvent par une application vicieuse des principes fondés sur la pratique la plus heureuse, que l'on a compromis le succès d'une entreprise agricole. Par quels moyens le cultivateur pourra-t-il donc acquérir ce qui lui est indispensable pour discerner ce qui est vrai, hasardé ou vicieux dans les ouvrages qui sont entre ses mains ; pour juger parmi les préceptes vraiment utiles qui lui sont fournis par les livres, quels sont ceux qui conviennent aux circonstances dans lesquelles il se trouve, et dans quelle mesure ou avec quelle restriction il est convenable qu'il s'y abandonne? Ce moyen est unique, et rien ne peut le remplacer : c'est *l'instruction pratique*, celle qu'un homme acquiert en observant les faits, en étudiant la terre, les végétaux qui s'y cultivent et les animaux qui s'y nourrissent. Une assez longue application est nécessaire pour acquérir cette instruction, parce qu'ici le champ des recherches est immense, et parce que la plupart des faits agricoles ne viennent se présenter qu'une fois par an, à une époque déterminée de l'année. C'est dans ce genre d'études que l'on peut dire, comme le répètent quelquefois les cultivateurs, que *nul homme n'est maître*, parce qu'il n'est personne qui ne trouve, chaque jour, à y faire de nouveaux progrès. Il est certain que les bons ouvrages d'agriculture aident puissamment l'observateur dans ce genre de recherches, et qu'avec leur secours, il pourra acquérir bien plus promptement l'instruction pratique, parce qu'il y trouvera un guide utile dans une multitude de cas : mais croire que la lecture des meilleurs écrits sur l'art agricole peut remplacer cette instruction pratique, c'est une grave erreur qui a été la source d'une multitude de mécomptes dans les entreprises de cette espèce. Si les bons ouvrages d'agriculture peuvent aider à acquérir l'instruction pratique, cette dernière peut seule apprendre au lecteur à juger du degré de confiance qu'il doit accorder, non-seulement à l'écrivain dont il consulte les productions, mais aussi à chacune de ses assertions et à chacun des procédés qu'il y trouve décrit. Pendant qu'un lecteur étranger à la pratique de l'art s'enflamme d'admiration pour un ouvrage qui contient des théories brillantes exposées avec art et d'un ton tranchant, parce qu'il est souvent celui de la conviction, le praticien découvre bientôt dans quelques mots échappés à l'auteur, des traces d'une complète inexpérience, de la part de l'homme qui a voulu lui dicter des leçons. La pratique peut seule, en effet, donner la mesure à l'aide de laquelle on peut apprécier le mérite réel d'une production agricole, c'est-à-dire, son utilité pour l'avancement de l'art. Je conclus de tout ceci que les ouvrages d'agriculture ne doivent être considérés dans l'instruction agricole que comme un moyen d'acquérir plus promptement et plus facilement les connaissances de pratique; très-utiles pour le praticien, ils sont le guide le plus dangereux pour l'homme qui croit que les connaissances qu'il y a puisées pourront le dispenser du travail et de l'application nécessaires pour acquérir par la pratique les connaissances de l'art.

Les *voyages* forment aussi un moyen très-efficace d'acquérir l'instruction agricole, parce qu'ils fournissent à l'observateur l'occasión de comparer entre elles une grande variété de méthodes et de pratiques; mais c'est encore un moyen qui ne peut guère profiter qu'à ceux qui ont préalablement acquis, par la pratique de l'art, des connaissances qui les mettent à portée de juger les procédés qu'ils observent, en les considérant dans leurs divers rapports avec les circonstances dans lesquelles ils sont exécutés. L'homme encore étranger aux pratiques agricoles et qui voyage avec l'intentión d'acquérir de l'instruction sur cette matière, regrettera vivement par la suite, s'il se livre à la pratique de l'agriculture, d'avoir négligé une multitude d'observations qui lui eussent été très-utiles, ou d'avoir mal jugé tel procédé ou telle méthode, parce qu'il ne les comprenait pas : il regrettera souvent qu'il n'en soit pas des observations faites dans un voyage comme de la lecture d'un livre, que l'on peut reprendre chaque fois que de nouvelles observations résultant des faits fournis par la pratique font naître dans l'esprit de nouvelles idées, ou suggèrent des rapports et des combinaisons auxquels on ne s'était pas encore arrêté. Il est donc encore vrai que les connaissances de la pratique sont un préalable indispensable pour que l'instruction acquise par les voyages devienne réellement utile, et puisse fournir au cultivateur un guide assuré dans l'exercice de son art.

Il est enfin un genre d'instruction qui se rapproche beaucoup plus que les précédents des faits de la pratique, tels qu'ils peuvent être observés et étudiés par l'homme qui dirige lui-même une exploitation rurale ; c'est celle que reçoivent les jeunes gens d'un âge déjà mûr, dans les établissements agricoles spécialement destinés à cet objet, comme il en existe un grand nombre en Allemagne, et comme nous en voyons encore peu en France (1). Il est certain que lorsque l'instruction est bien dirigée dans ces établissements, elle se rapproche beaucoup plus qu'aucune autre de celle que l'on peut acquérir par la pratique, et qu'elle possède un avantage très-précieux dans le rapprochement continuel des faits et des opérations matérielles, avec les explications qui y sont relatives et l'indication des conséquences que l'on peut en tirer. Cependant on se tromperait étrangement si l'on croyait que des jeunes gens qui ont reçu pendant quelque temps l'instruction dans ces établissements, seront en état de se livrer immédiatement à des entreprises qui exigent une combinaison exactement calculée entre les diverses parties du plan et ses moyens d'exécution, et où un défaut de proportion entre ces éléments si nombreux et si variés, ou quelques fautes commises dans l'exécution peuvent avoir pour résultat des pertes

(1) Lorsque M. de Dombasle publiait cet article, en 1832, il ne se doutait guère que moins de vingt ans après, un décret de l'Assemblée nationale poserait la base de l'enseignement professionnel de l'agriculture, en ordonnant, comme une chose sérieuse, la création de 21 grands établissements *administrés en régie au compte de l'État*, et de 363 fermes-écoles largement subventionnées, dans le but de donner l'instruction agricole à plus de 15,000 élèves, aux frais du trésor public.

C. DE M.-D.

dont il est difficile de calculer l'étendue. Si un jeune homme sortant de ces écoles se livre à la pratique de l'art, il remarquera dans une multitude de circonstances combien sera différente pour lui l'observation des faits qui viendront s'offrir à lui chaque jour, lorsqu'il sera forcé d'y donner une attention continue, parce qu'il sera à chaque instant dans la nécessité de prendre une détermination sur le mode et les moyens d'exécution de chacune des opérations qu'il devra exécuter; quelque application qu'il ait apportée à observer les travaux d'une exploitation près de laquelle il ne pouvait être placé, par la nature même des choses, que comme spectateur, il s'apercevra qu'il existe une grande différence, relativement à l'instruction pratique, entre les connaissances que l'on peut acquérir ainsi, et celles qui viennent naturellement s'offrir à l'homme laborieux et attentif qui pratique réellement, c'est-à-dire, qui commande ou surveille les opérations de tous les jours. Ses études antérieures lui offriront sans doute de très-grands secours pour acquérir l'habitude de la pratique; elles abrègeront considérablement le temps qui doit nécessairement y être consacré, et elles pourront le garantir d'un grand nombre de fautes qui eussent peut-être été payées bien chèrement. Deux années d'études agricoles dans une institution de ce genre, devanceront peut-être de dix ans l'époque où un agriculteur pourra se considérer comme maître de son affaire, c'est-à-dire, où il sera à l'abri de fautes assez graves pour en compromettre le succès: mais rien ne pourrait être plus funeste pour lui que de croire qu'à l'aide de l'instruction qu'il a puisée dans une école, et sans le secours des connaissances de pratique qu'il acquerra par l'application de cette instruction, il puisse sans danger se lancer immédiatement dans des entreprises qui l'exposeraient à des pertes supérieures aux moyens qu'il posséderait pour remplir le vide qui en résulterait dans le capital qu'il a consacré à son entreprise.

De quelque manière que l'on envisage l'instruction agricole, on trouve donc que les *connaissances de pratique* se présentent toujours en premier ordre et comme une condition indispensable aux succès ; et c'est là précisément ce qui rend le succès si difficile, car il semble qu'il y a ici un cercle vicieux : en effet, il faut pratiquer soi-même pour acquérir ces connaissances, et il est cependant indispensable de les posséder préalablement, pour n'être pas exposé à de grandes pertes dans les résultats de la spéculation. Dans les pays où l'agriculture est déjà fort avancée et où les procédés ont atteint à un dégré assez élevé de perfection dans un très-grand nombre d'exploitations, comme en Allemagne et en Angleterre, cette difficulté très-grave se trouve résolue, parce que les jeunes gens qui se destinent à la pratique de l'agriculture se placent isolément, si leur père n'est pas lui-même cultivateur, chez des fermiers ou chez des propriétaires exploitant leurs domaines : là ils sont employés, aussitôt que leur instruction est un peu avancée, à surveiller et diriger les travaux sous les ordres immédiats du maître ; et la confiance de celui-ci s'accroissant à mesure qu'il reconnaît que l'élève la mérite davantage par les connaissances qu'il acquiert progressivement, un jeune homme est amené ainsi graduellement à diriger presque seul les travaux d'une exploitation souvent très-étendue ; non-seulement il a pris connaissance des livres de compte qui se tiennent ordinairement avec une grande régularité dans ces domaines, mais il les a tenus lui-même pendant longtemps, en sorte qu'il s'est familiarisé aussi avec tous les calculs relatifs à une sage distribution des fonds employés à l'entreprise. Ce genre d'instruction est très-commun particulièrement en Allemagne où les fermiers ainsi que les grands propriétaires, qui font généralement valoir eux-mêmes quelques-unes de leurs propriétés, sont dans l'usage de placer ainsi à la tête des travaux de leur ferme un jeune homme souvent sorti des instituts agricoles fort nombreux dans ce pays; ce jeune homme travaille sous les ordres immédiats du maître, et ne reçoit ordinairement d'abord qu'un traitement fort modique. Souvent aussi des jeunes gens de familles aisées se placent ainsi à l'âge de quinze à seize ans chez un propriétaire ou un cultivateur, en payant eux-mêmes une rétribution pour leur apprentissage qui dure ordinairement trois ans : ils commencent par exécuter pendant six mois au moins, de même que les valets de la ferme, les travaux les plus simples de la culture, comme panser les chevaux, conduire une herse, etc. ; ensuite on leur confie une charrue, plus tard on les fait semer et on les emploie à tous les autres travaux ; souvent ils terminent cet apprentissage par une couple d'années d'étude près d'un institut agricole. C'est certainement là le moyen d'instruction le plus efficace, et à l'aide duquel un jeune homme peut acquérir avec le plus de certitude et sans risque pour lui, les connaissances de pratique qui lui seront indispensables pour le succès de l'entreprise qu'il pourra former ensuite pour lui-même. Mais on conçoit facilement que ce moyen n'est praticable que dans un pays où l'art agricole est déjà fort avancé ; et l'on pourrait ajouter, où des hommes jouissant d'une grande aisance, se livrent généralement à l'exploitation des domaines ruraux. Dans l'état actuel des choses (1832), chez les quatre-vingt-dix-neuf centièmes des cultivateurs en France, un jeune homme appartenant à la classe aisée, se trouverait dans une position intolérable pour lui ; et quoique les connaissances du métier qu'il pourrait y acquérir soient certainement fort importantes pour la pratique de l'art, il ne voudrait presque jamais les acheter aux prix des privations physiques et morales qui seraient son partage, dans un apprentissage de ce genre. On peut espérer que la France offrira aussi un jour des ressources sous ce rapport aux jeunes gens qui recherchent une instruction agricole solide; et il est fort désirable que parmi les propriétaires cultivateurs qui sont en état de le faire, on voie s'introduire l'usage de prendre ainsi des jeunes gens soumis à un apprentissage dont les conditions seraient déterminées : mais on ne peut espérer de voir se généraliser ce moyen d'instruction que dans un avenir assez éloigné, attendu que pour que cet apprentissage soit, autant qu'il peut l'être, utile au maître et profitable à l'élève, il est presque impossible de réunir plus de deux ou trois de ces derniers dans la même exploitation : il ne pourra donc se former d'élèves par ce moyen qu'en proportion du nombre des exploitations agricoles bien dirigées qui se formeront successivement. En attendant, la difficulté subsiste dans toute sa force : les connaissances de pratique sont le genre d'instruction que le jeune cultivateur peut le plus difficilement acquérir sans s'exposer à des chances souvent funestes pour lui ; et je n'hésite pas à dire que c'est contre cet écueil que sont venues échouer presque toutes les entreprises agricoles qu'on a vues disparaître si rapidement, après avoir offert de brillantes espérances à leurs fondateurs et aux hommes éclairés auxquels elles promettaient des exemples utiles pour l'amélioration de l'art. J'indiquerai bientôt les moyens par lesquels l'homme qui veut se livrer à l'art agricole peut suppléer à ce qui nous manque encore sous le rapport de l'instruction et acquérir les connaissances de pratique, sans exposer son entreprise à des chances trop défavorables ; mais je vais d'abord examiner quelques-unes des autres dispositions personnelles qui peuvent exercer le plus d'influence sur le succès d'une entreprise agricole.

§ II. *L'esprit d'ordre; la connaissance des hommes; l'esprit des affaires; l'esprit d'ensemble et de détails.*

L'instruction, tout importante qu'elle est, n'est pas la seule condition indispensable dans le sujet qui se place à la tête d'une entreprise agricole; il est aussi quelques dispositions morales, soit naturelles, soit acquises, qui doivent concourir avec une instruction appropriée, pour mettre un homme en état de diriger, avec quelque espoir de réussite, une exploitation rurale.

Une des conditions les plus essentielles au succès d'une entreprise de ce genre, est l'espèce de disposition d'esprit qui rend un homme plus ou moins propre à suivre les diverses opérations que l'on peut appeler *l'administration d'une ferme*. M. *de Gasparin* a dit : « le plus mauvais système de culture bien administré, vaut cent fois mieux que le meilleur système avec une mauvaise administration. » Rien de plus vrai que cette assertion, et l'on peut affirmer que parmi les personnes qui ont échoué dans les entreprises d'améliorations agricoles, des vices d'administration ont causé au moins autant de chutes que des procédés de culture mal entendus. Je comprends ici dans le mot *administration*, plusieurs branches assez distinctes, mais qui sont toutes fort importantes à la bonne gestion d'une entreprise industrielle. L'*esprit d'ordre* est certainement une des conditions les plus indispensables à toute bonne administration: c'est cette disposition d'esprit au moyen de laquelle un homme soumet aux règles qu'il s'est imposées, l'emploi de son temps aussi bien que de ses capitaux, et qui fait qu'il apporte des soins constants à rendre clairs à ses propres yeux tous les détails de ses travaux et les résultats de ses opérations, en les classant dans un ordre méthodique. Sans l'esprit d'ordre on réussit bien rarement à quoi que ce soit dans le monde; mais je crois qu'il est bien peu de positions dans la vie où il soit plus indispensable que dans la carrière agricole, et celui qui ne l'y apporte pas fera bien de s'abstenir d'y entrer.

La connaissance des hommes contribue puissamment aussi à la bonne administration d'une exploitation rurale. Le cultivateur, soit dans ses relations journalières avec les agents dont il est forcé de s'entourer comme chef d'établissement, soit dans celles où le placent aussi chaque jour ses opérations mercantiles avec les étrangers, dans ses ventes ou dans ses achats, ne pourra qu'à l'aide de cette connaissance se diriger dans le choix qu'il a à faire des uns ou dans les moyens par lesquels il peut les employer utilement, et dans ses transactions avec les autres, pour assurer la conservation de ses intérêts. Sous ce dernier rapport, la connaissance des hommes se lie intimement à l'esprit des affaires; cependant, comme cette dernière qualité s'étend encore à d'autres objets, et comme elle forme une des conditions les plus importantes du succès de toute entreprise industrielle, il faut en dire quelques mots. *L'esprit des affaires* est une qualité très-spéciale, et que chacun connaît très-bien, quoique tout le monde ne la possède pas : un de ses caractères les plus essentiels est la disposition à l'aide de laquelle un homme sait se prévaloir de tous les avantages que lui offrent les circonstances, dans toutes les matières d'intérêts ; qui fait que dans chacune de ses transactions il cède toujours aussi peu qu'il est possible, et obtient autant que les circonstances peuvent le lui permettre. Si l'on y regarde de près, on trouve, dans le monde et dans toutes les classes de la société, des différences énormes sous ce rapport entre les hommes ; et ces différences sont indépendantes de presque tous les autres genres de supériorité et de capacité. L'homme qui ne possède pas l'esprit des affaires achète presque toujours trop cher et vend à vil prix, parce que les affaires, depuis les plus grandes jusqu'aux plus petites, se traitant généralement par les hommes qui y ont le plus d'aptitude, celui qui se met en contact avec eux sans posséder la même habileté dans cette espèce d'art, doit nécessairement traiter presque toujours avec désavantage pour lui. L'homme étranger à l'esprit des affaires exige toujours trop ou trop peu de la marchandise qu'il veut vendre, et il offre trop ou trop peu de celle qu'il désire acheter : dans tous les cas il fait mal son affaire, car il est clair qu'il n'y a pour lui qu'une alternative : ou traiter avec perte, ou manquer le marché qu'il avait à faire. L'esprit des affaires est un don de la nature ; il se développe par l'habitude et l'expérience, qui peuvent jusqu'à un certain point y suppléer, mais jamais le remplacer complétement. Dans toutes les branches de la production industrielle, ce genre d'habileté contribue au succès d'un établissement ou d'une entreprise, au moins autant que le degré de perfection des procédés que l'on y emploie ; tous les fabricants le savent, et leurs occupations, dès l'âge le plus tendre, sont dirigées de manière à développer cette faculté ; mais il est nécessaire d'avertir un grand nombre d'hommes qui, sans être nés cultivateurs, désirent se livrer à la pratique de cet art, qu'ils trouveront peut-être dans les dispositions qu'ils tiennent de leurs habitudes antérieures, un obstacle insurmontable à un véritable succès industriel, c'est-à-dire, à un succès d'argent; c'est surtout dans la classe des propriétaires et des hommes du monde éloignés, par leurs habitudes, de toute espèce de spéculation industrielle, et se bornant à calculer leurs revenus de chaque année pour y limiter leurs dépenses, que l'on trouve un grand nombre d'hommes qui ne savent ni acheter ni vendre, ni juger de l'opportunité d'un marché, ni prendre leurs avantages dans toutes les transactions d'intérêts : ce sont ordinairement les hommes les plus honorables, souvent pleins de loyauté, d'esprit ou de savoir ; mais s'ils veulent se livrer à une entreprise industrielle quelconque, il y a pour eux dix chances de perte pour une de bénéfice. C'est le plus souvent vers l'agriculture qu'ils dirigeront leurs projets de spéculation ; et il est indispensable qu'ils sachent que dans une entreprise agricole, comme dans toute autre branche d'industrie, l'art des affaires est une condition indispensable du succès ; avant de s'y livrer, chacun devra donc sonder sous ce rapport ses propres dispositions et le résultat de ses habitudes.

On doit encore compter parmi les conditions les plus indispensables à la bonne administration d'une exploitation rurale, la disposition morale qui rend un homme propre à embrasser à la fois l'ensemble de son affaire, afin d'en bien coordonner toutes les parties et d'en suivre tous les détails, de façon qu'aucun d'eux ne soit négligé ou sacrifié à d'autres : les détails n'ont de valeur que relativement à l'ensemble, en sorte que ce qui est bon dans une combinaison, ne vaudra rien dans une autre; mais l'ensemble lui-même ne vaut que par les détails, et par les soins et la perfection avec lesquels ils sont exécutés.

§ III. *L'économie; la prudence.*

L'économie doit être comptée au nombre des conditions les plus indispensables de la bonne administration de toute entreprise industrielle, et elle est peut-être encore plus nécessaire dans l'agriculture que dans toute autre branche de spéculation. Ici, il faut bien déterminer ce que l'on doit entendre par *économie*. Dans la vie privée l'économie consiste à ne pas dépenser plus que son revenu, ou même à dépenser moins, afin d'accroître graduellement son avoir par l'accumulation; en sorte que celui-là est le plus économe qui dépense le moins. Il n'en est pas tout à fait ainsi dans les spéculations industrielles où les dépenses ont pour but la création d'autres valeurs : le spéculateur est aussi homme privé, et sous ce rapport, c'est-à-dire, à l'égard des dépenses relatives à ses besoins ou à ses jouissances, l'économie est entièrement la même chose que pour l'individu qui ne fait pas d'affaires; mais le défaut d'économie dans ce genre de dépenses est bien plus funeste pour lui, parce que dans les produits de son industrie, son revenu se trouve confondu avec les valeurs qui représentent les frais de production, en sorte que s'il ne tient pas une comptabilité très-sévère qui classe avec précision le revenu, les profits et les frais de production, il court à chaque instant le risque de diminuer son capital par des dépenses qu'il croit prendre sur son revenu ou sur ses profits, peut-être au moment même où son entreprise ne lui offre que de la perte. Quant aux dépenses relatives à la spéculation, c'est-à-dire, celles qui ont pour but la production, l'économie ne consiste pas à dépenser le moins possible, mais à atteindre un but donné avec le moins de dépenses. Il faut atteindre ce but ; par exemple, exécuter telle opération ou telle amélioration que je suppose profitable en elle-même : celui-là ne sera pas le meilleur économe qui manquera le but en restreignant trop la dépense, mais bien celui qui parviendra à l'atteindre aux moindres frais. En réduisant les dépenses agricoles à ces limites, une exploitation présente encore presque toujours un vaste champ à des dépenses profitables et par conséquent économiques ; mais celui-là manquerait encore à l'économie, qui se livrerait à la dépense même la plus profitable, si elle excède les ressources que lui offre son capital, ou s'il est forcé d'y employer des sommes qui seraient réclamées par d'autres opérations plus indispensables.

Une grande sagacité est nécessaire pour apprécier l'opportunité des dépenses d'améliorations agricoles, c'est-à-dire, le profit qu'elles pourront produire ; et pour l'homme qui manque d'expérience et de connaissances pratiques, il est bien facile de se laisser entraîner à de funestes illusions. On doit sans doute, par exemple, s'efforcer, dans la distribution des bâtiments d'une ferme, d'économiser autant qu'il est possible la dépense de main-d'œuvre dans les opérations journalières. J'ai connu un propriétaire qui, afin de diminuer le travail du transport du fumier dans la vidange de ses bergeries, se livra à des dépenses de construction dont l'intérêt aurait suffi pour payer quatre fois la main-d'œuvre qu'il économisait par ce moyen. On trouverait une multitude d'exemples du même genre dans les travaux d'amélioration exécutés par des personnes peu expérimentées dans les opérations rurales ; et l'on peut en conclure du moins qu'il est sage d'apporter une très-grande circonspection dans les dépenses de cette nature, tant qu'on n'a pas acquis assez d'expérience pour en bien apprécier les résultats économiques. Ce n'est pas, au reste, seulement dans les grands travaux de ce genre qu'il est indispensable de porter l'économie ; car si les opérations de moindre importance n'entraînent pas isolément d'aussi fortes dépenses, elles se multiplient à tel point tous les jours de l'année, que le défaut d'économie dans les plus petits détails, soit dans les dépenses en argent, soit dans celles qui se font en travaux ou en denrées, apporte toujours une énorme différence sur les résultats généraux de l'entreprise. Ici la règle doit toujours être la même que dans les grandes dépenses d'amélioration : faire toujours libéralement la dépense qui est nécessaire pour atteindre à tel but ou pour obtenir tel résultat, mais s'efforcer de l'obtenir aux moindres frais qu'il est possible. Le paysan manque souvent à la première de ces deux règles, mais l'homme du monde qui se fait agriculteur, observe rarement la seconde ; le premier manque les bénéfices en diminuant ses produits, et le second, tout en accroissant ceux-ci, n'y trouve souvent pas de profit, parce qu'il a trop grossi les dépenses.

Enfin si j'avais à indiquer la disposition personnelle la plus importante à la bonne administration d'une exploitation rurale, je nommerais, je crois, *la prudence de caractère*, et l'on pourrait dire que cette qualité dispenserait de plusieurs autres, ou du moins atténuerait les inconvénients que pourraient entraîner les défauts qui leur sont opposés. En effet, l'homme qui se distingue par la prudence, ne s'avancera jamais dans la route qu'il suit, au delà du point qui lui est tracé par les circonstances pécuniaires de son entreprise, aussi bien que par ses facultés personnelles, tant sous le rapport de l'instruction que sous celui des dispositions intellectuelles ; et s'il y a timidité à ne pas s'avancer précisément jusqu'à ce point, cette réserve entraîne infiniment moins de danger que la présomption qui nous engage à le dépasser. L'agriculture présente bien rarement de ces chances de bénéfices considérables et prompts, qui, dans d'autres branches de spéculation, viennent quelquefois couronner l'audace d'un homme entreprenant. Lorsqu'une entreprise agricole semble promettre des bénéfices de ce genre, on ne se trompe presque jamais en supposant qu'il existe, à côté des apparences par lesquelles on pourrait se laisser séduire, des circonstances qui réduiront beaucoup, ou ajourneront à un temps éloigné les bénéfices qu'on a pu s'en promettre. L'agriculture offre une chance presque certaine d'aisance et souvent de fortune dans l'avenir, à l'homme qui dirige ses pas avec prudence dans cette carrière ; mais il ne faut pas, par une marche aventureuse, se placer dans une position où l'on ne pourra se soutenir que par de grands bénéfices immédiats, car, je le répète, ce sont là des chances que l'agriculture n'offre guère ; aussi pour l'homme doué d'un caractère entreprenant et impatient du succès, la carrière agricole est la plus périlleuse de toutes. *Patience et prudence* est une devise que tout jeune agriculteur devrait inscrire dans le lieu où il porte chaque matin ses premiers regards à son réveil, et il est bien rare que celui qui a négligé ces préceptes n'ait pas fini par s'en repentir amèrement.

Après avoir passé en revue les dispositions d'esprit ou de caractère qui contribuent le plus efficacement à la bonne administration financière d'une exploitation agricole, je dois encore examiner quelques *conditions morales*, qui, sans être entièrement étrangères à l'administration considérée comme je viens de le faire, embrassent néanmoins un cercle plus étendu, dans la direction des opérations d'une entreprise d'exploitation rurale.

§ IV. *L'activité; l'absence des préjugés; l'esprit d'observation; les prédilections pour tel ou tel genre d'améliorations.*

Sans *l'activité*, l'homme placé à la tête d'une entreprise de ce genre, serait exposé à des pertes très-fréquentes par la mauvaise exécution des travaux, ou par des retards qui ne restent presque jamais impunis dans les opérations de l'agriculture. Ici je n'entends pas par activité cette disposition qui fait que tant d'hommes sont toujours en mouvement sans direction fixe, et par conséquent sans imprimer aucune fixité dans les mouvements de tous les agents qui les entourent; c'est là l'activité dépourvue d'esprit d'ordre : mais le genre d'activité qui assure le succès d'une entreprise, est celui qui fait qu'un homme a constamment présentes à l'esprit toutes les branches de son affaire et tous les détails de chacune d'elles; qu'il saisit à propos l'occasion favorable pour chaque opération, et qu'il en pousse l'exécution avec énergie sans compromettre d'autres travaux, ou du moins en les subordonnant les uns aux autres, dans l'ordre de leur importance relative. L'homme actif doit tout voir par lui-même, le plus souvent qu'il lui est possible, et assez fréquemmeut du moins pour s'assurer à temps si ses ordres ont été bien exécutés.

Si l'on y regarde de près, on trouvera que dans tous les genres de spéculation et d'entreprise, de grands succès n'ont jamais été obtenus que par les hommes organisés de manière à saisir l'à-propos en toutes choses et à ne jamais remettre à demain l'opération qui peut être faite aujourd'hui. Rien de plus fallacieux, en effet, que le endemain : toujours près de nous, il n'arrive jamais ; et pour celui qui l'attend sans cesse, l'occasion se passe toujours sans qu'il sache en user. Mais c'est surtout en agriculture que cette disposition indolente de l'esprit, naturelle à un si grand nombre d'hommes, forme l'obstacle le plus grave à toute réussite, parce que, dans aucune autre carrière, le lendemain ne présente autant d'incertitude que dans celle où il est assujetti à toutes les chances de l'atmosphère. Aussi, dans l'esprit de tous les praticiens expérimentés, l'activité sera toujours considérée comme une des qualités les plus importantes du cultivateur.

Je regarde encore comme une condition indispensable du succès d'une entreprise agricole, que l'homme qui la dirige soit *exempt de préjugés*. En m'adressant à la classe de lecteurs à laquelle est destiné cet écrit, je ne veux certes pas parler de cette espèce de préjugés qui a sa source dans l'ignorance, et qui est le partage de la classe la moins éclairée des cultivateurs : les préjugés que j'ai en vue ici, sont ceux que l'on puise dans les livres, dans des idées généralement répandues sur l'amélioration de l'agriculture, et même dans la pratique des pays où l'art est le plus avancé. Ce sont là souvent des préjugés tout aussi bien que les premiers, car ce sont, d'une part comme de l'autre, des idées et des opinions acceptées toutes faites et sans un examen suffisant, par un homme qui ne connaît pas la matière, et qui pense qu'il peut placer toute sa confiance dans ceux qui les lui ont transmises. On pourrait désigner ceux-ci sous le nom de préjugés d'amélioration. Je n'en veux citer qu'un exemple. Combien de revers agricoles n'a pas causés le préjugé de la suppression absolue des jachères? Pendant que le cultivateur expérimenté, sentant combien est onéreux pour lui le repos de ses terres pendant une année entière, s'efforce de rechercher les combinaisons et les procédés à l'aide desquels il pourra restreindre graduellement l'étendue de sa jachère, sans qu'il en résulte de dommage pour ses récoltes, ou peut-être la supprimer entièrement, si la nature de son sol et les autres circonstances de son exploitation le lui permettent, l'homme qui est imbu du préjugé qui fait considérer la jachère comme une pratique détestable, veut la supprimer sur-le-champ, partout et sans aucune considération; en peu d'années il épuise tellement son sol, ou il l'infeste à tel point de plantes nuisibles que les récoltes y sont réduites presque à rien.

Une pratique est bonne dans un ensemble donné de circonstances et moyennant certaines conditions : on veut faire de son adoption une règle générale et sans limites; voilà le préjugé. Et c'est dans les pays mêmes où l'art agricole est le plus avancé, que les cultivateurs sont sujets aussi à entretenir des préjugés de ce genre : un exemple bien frappant démontre cette vérité. Il est arrivé assez souvent, depuis une quarantaine d'années, que des cultivateurs anglais ou flamands sont venus former des établissements sur divers points de la France; et c'est presque toujours aux cantons les plus arriérés qu'ils ont donné la préférence, parce que c'est là qu'ils trouvaient des terres fertiles au prix le plus bas. Il semble qu'ils devaient travailler là avec un immense avantage, non-seulement sur les cultivateurs ordinaires du pays, en y apportant des procédés agricoles beaucoup plus parfaits, mais aussi sur leurs anciens compatriotes, au moyen d'une énorme diminution sur la rente des terres à égale fertilité et aussi sur le prix de la main-d'œuvre. Cependant, à l'exception d'un très-petit nombre d'hommes doués d'un tact particulier, tous ces cultivateurs ont échoué dans leurs entreprises. On a observé le même fait en Russie, où un assez grand nombre de cultivateurs anglais sont allés s'établir, principalement depuis le commencement de ce siècle, dans des circonstances qui semblaient mettre en leur faveur un poids énorme dans la balance des chances de succès, puisqu'ils portaient l'art dans son état le plus avancé, là où la concurrence était à peu près nulle contre eux, et où ils obtenaient presque sans aucune rente, des terres infiniment plus riches, et quelquefois presqu'aussi bien situées pour les débouchés, que celles qu'ils n'auraient pu affermer dans leur pays qu'à un prix extrêmement élevé. On a vu, sur divers points de l'empire russe, s'écrouler successivement en très-peu d'années presque tous ces établissements, avec des pertes très-considérables pour ceux qui les avaient formés. C'est que, dans tous ces cas, des cultivateurs habiles n'étaient pas exempts des préjugés qu'ils apportaient de leur propre pays, avec des procédés excellents pour la localité qu'ils quittaient, mais qui n'étaient pas applicables à d'autres circonstances. Pour l'émigré du comté de Norfolk, c'était toujours l'inévitable assolement de quatre ans, les turneps, le bétail entretenu en plein air pendant toute l'année, etc. : pour celui d'une autre partie des Iles Britanniques, c'était un système agricole un peu différent, mais toujours transporté tout entier et comme d'une seule pièce, sans considération pour la différence des localités. Si des hommes qui possédaient bien les connaissances de la pratique de leur art, ont éprouvé de semblables échecs pour avoir négligé d'étudier les exigences des localités, dominés comme ils l'étaient par le préjugé de la supériorité absolue d'un système de culture, comment pourrait-on espérer qu'un commençant qui ne connaît peut-être ce système que très-imparfaitement et par la lecture de quelques ouvrages agricoles, puisse obtenir quelque succès, s'il apporte dans sa pratique des préjugés de cette espèce ? La bonté d'une pratique agricole quelconque est toujours relative, et l'opinion de son excellence est un préjugé, toutes les fois qu'elle n'est pas fondée sur l'observation attentive des faits et des circonstances, dans la localité où l'on veut l'introduire.

Je n'ai parlé ici que des préjugés d'améliorations qui ont pour objet des pratiques bonnes en elles-mêmes dans les circonstances qui leur conviennent ; mais il en est d'autres plus funestes encore, parce qu'ils tendent à propager des procédés qui ne sont presque jamais applicables à la pratique, et qui ont été suggérés à des hommes qui n'étaient pas cultivateurs, par de fausses théories ou par des faits mal observés : j'en citerai encore un seul exemple. Combien n'a pas été prônée, dans une multitude d'ouvrages d'agriculture, la pratique des semailles claires pour les céréales. A entendre les auteurs de ces écrits, les cultivateurs jetaient en pure perte dans la terre deux ou trois fois plus de semence qu'il n'était nécessaire pour obtenir de belles récoltes. L'expérience a fait justice d'une erreur aussi funeste, dans l'esprit de tous les praticiens observateurs; et il est certainement vrai que dans beaucoup de circonstances, il y aurait profit à augmenter plutôt qu'à diminuer la quantité de semence que l'on emploie communément, et qui partout a été réglée par l'expérience, mais plutôt avec économie qu'avec prodigalité. Cependant cette opinoin subsiste encore chez beaucoup de personnes, et celui qui travaillera sous l'empire des nombreux préjugés de cette espèce que l'on rencontre dans les livres, doit s'attendre à de graves mécomptes.

L'expérience est le meilleur préservatif des préjugés que je signale ici; mais l'expérience ne s'acquiert qu'au moyen d'une disposition particulière de l'individu, qui le porte à observer les faits et à discerner les causes des résultats bons ou mauvais, non pas en les rattachant à des théories plus ou moins hasardées, mais en les comparant à d'autres faits analogues, qui mettent l'homme judicieux sur la voie pour bien saisir l'enchaînement des causes et des effets. Cette disposition est ce que l'on appelle *l'esprit d'observation :* un jugement droit et sain est certainement la première condition de cette faculté : mais elle tient aussi, soit à des habitudes contractées par des occupations antérieures, soit à un tact naturel et individuel, soit à une disposition particulière de l'intelligence, en sorte que si l'esprit d'observation se perfectionne par l'usage qu'on en fait, c'est aussi une qualité spéciale à chaque individu, et que rien ne peut complétement remplacer.

On voit une multitude d'hommes s'adonner à la pratique de l'agriculture pendant une grande partie de leur vie, sans acquérir de l'expérience proprement dite. Pour la plupart des habitants de la campagne placés dans ce cas, la somme de leurs connaissances sera toujours celle qu'ils auront recueillie des leçons de leurs pères : pour l'homme du monde qui s'est fait cultivateur, si l'esprit d'observation lui manque, c'est toujours dans les livres ou dans les théories qu'il voudra chercher l'explication de tout ; et après plusieurs années de pratique, il ne saura pas discerner dans un instrument d'agriculture, le jeu et les fonctions des diverses parties qui le composent, en sorte qu'il sera hors d'état de juger sa marche et ses effets, et qu'au premier obstacle l'instrument sera hors de service, si ses valets ou le maréchal du lieu ne savent pas trouver le moyen de l'employer, ou reconnaître la réparation souvent très-légère qu'il exige. Pour l'homme dénué d'esprit d'observation, quoique souvent doué d'une grande capacité sous d'autres rapports, toutes les pratiques de l'art, dans toutes ses branches, seront de même une source de difficultés, d'embarras et d'erreurs, et il ne manquera pas d'échouer contre cet écueil. Il en est, sous ce rapport, de l'agriculture comme de la médecine : dans l'une comme dans l'autre de ces branches de connaissances, l'art existe et il peut s'apprendre, même sans observer les faits ; mais dans toutes deux, c'est dans l'application que se rencontrent les difficultés, et l'esprit d'observation peut seul donner au praticien le fil qui doit le diriger dans les applications : aussi l'homme qui n'est pas doué de cette faculté, quelque haute capacité et quelque instruction qu'il possède d'ailleurs, ne sera jamais un bon médecin ni un habile cultivateur ; tandis qu'avec le secours de l'esprit d'observation, un homme réussira presque toujours dans l'un ou dans l'autre de ces arts, même avec une capacité médiocre.

Un grand nombre de personnes qui ont voulu se livrer à des améliorations agricoles, se sont formé sur ces matières des idées de *prédilection* pour telle ou telle branche de ces améliorations, en sorte qu'il semble qu'à leurs yeux toute amélioration consistait à changer telle ou telle pratique, à porter des perfectionnements dans une partie déterminée de l'exploitation. Comme ces prédilections ont souvent nui d'une manière essentielle au succès, je crois devoir en dire quelques mots. Le propriétaire qui aborde la tâche d'améliorer ses domaines, peut certes bien ne pas embrasser à la fois toutes les branches de ces améliorations, et il en est quelques-unes qui peuvent marcher isolément et sans dommage pour l'ensemble : un propriétaire, par exemple, abandonnant à des fermiers la culture de ses terres arables et de ses prés, trouvera souvent beaucoup de profit à se livrer à des plantations forestières, à l'amélioration de la culture de ses vignes, etc., pourvu que sa prédilection pour ces genres d'améliorations n'aille pas jusqu'à lui faire imposer à ses fermiers des clauses de restrictions ou de redevances en nature qui lui feraient peut-être perdre, sur le montant de ses fermages ou par l'obstacle qu'il apportera à l'amélioration de la culture dans ses fermes, beaucoup plus qu'il ne pourra gagner par ses spéculations accessoires. Il est donc de ces prédilections qui n'ont rien de nuisible et qui sont même utiles, lorsqu'elles tendent à donner à un propriétaire l'occasion de satisfaire le goût qui le porte vers tel genre d'amélioration, ou lorsqu'elles sont prises dans les convenances de chacun, relativement à ses autres occupations. Mais lorsque ces prédilections s'attachent à des parties spéciales d'un ensemble où tout doit être bien coordonné, elles ont souvent de très-fâcheux résultats : on voit un propriétaire qui, dominé par l'utilité des plantations, les accroît outre mesure sur ses terres arables ou sur ses prés, et leur cause bien plus de dommage qu'il ne tirera jamais de profit de ses arbres : un autre, qui a pu observer les accroissements de produits que l'on peut tirer d'une prairie par le moyen des irrigations, concentre toutes ses vues sur cet objet, et pendant qu'il améliore ses prés, il néglige la culture des terres arables qui y sont réunies, et le produit de la ferme se trouvera peut-être diminué plutôt qu'augmenté, à la suite de grands travaux d'amélioration. L'observation pourra présenter à chacun une multitude d'autres exemples de ce genre d'erreurs de la part des propriétaires améliorateurs. En général, c'est toujours d'une manière large et en calculant avec attention l'importance relative de chaque genre d'amélioration et son influence sur les autres branches de revenu d'une propriété, que l'on doit procéder en matières semblables ; et chacun doit se défendre avec soin des prédilections qu'il aura puisées, soit dans ses goûts personnels, soit dans ses lectures, soit dans l'exemple de faits observés dans d'autres circonstances.

On a cependant vu quelquefois des prédilections du genre que je signale ici, donner lieu à des succès éclatants, du moins pour une certaine période de temps. Un des exemples les plus remarquables que l'on puisse citer des succès de cette espèce, se trouve dans l'introduction en France de la race des moutons mérinos. La prédilection fut vive et générale, de la part d'une multitude de propriétaires ; et dans beaucoup de cas, tout fut sacrifié aux troupeaux de bêtes espagnoles, dans les exploitations rurales. L'affaire fut si lucrative pendant une trentaine d'années, que toutes les négligences sur les autres branches de la culture purent être couvertes par les bénéfices du troupeau, et chacun répétait : *omnia præstat ovis.* Mais la concurrence devait nécessairement amener le nivellement de cette branche d'industrie. L'homme habile a certainement agi sagement en profitant de cette chance favorable : mais le véritable cultivateur n'a pas manqué de s'en prévaloir pour apporter des améliorations dans la culture de la ferme qui nourrissait le troupeau ; pour lui, le troupeau, quelque lucratif qu'il fût, n'a jamais été que l'accessoire, et le principal était l'exploitation dont il trouvait une si belle occasion de perfectionner toutes les branches, au moyen des secours en capitaux et en fumiers que lui fournissaient les bêtes à laine. Peu de personnes, néanmoins, ont considéré la chose sous ce point de vue, du moins parmi les propriétaires aisés ; et c'est pour cela que l'on entend aujourd'hui répéter par tant de gens, de la meilleure foi du monde, que c'en est fait de l'agriculture et que tout est perdu, parce qu'un troupeau de mérinos ne peut plus payer à lui seul le revenu entier d'un domaine : ils ont raison relativement à eux, parce qu'au moment où des moutons mérinos sont encore aussi profitables que tout autre genre de bétail, pour les cultivateurs qui ont placé leurs troupeaux dans un ensemble de culture bien combiné et dans une localité qui convient aux animaux de cette espèce, ils ne trouvent plus eux-mêmes que de la perte dans l'objet de leur prédilection qui leur a fait sacrifier l'ensemble à l'accessoire. Cet exemple prouve assez que dans une exploitation rurale, il n'y a de fondamental et de durable que les améliorations largement conçues et embrassant toutes les branches de culture, dans les limites tracées par les convenances spéciales de l'exploitation.

§ V. *Application; résidence à la campagne; mœurs rurales.*

Je n'ai pas encore parlé de la condition morale la plus essentielle peut-être au succès d'une entreprise agricole: je veux dire *l'application,* ou la ferme détermination de l'homme qui la dirige, de consacrer ses soins et son temps à en ordonner et surveiller tous les détails. Ce n'est pas trop d'un homme tout entier pour l'agriculture; et ce serait en vain que l'on se flatterait du succès, en lui consacrant quelques instants dérobés à d'autres occupations, ou interrompus par des distractions d'affaires ou de plaisir. L'homme qui ne veut faire de l'agriculture qu'un délassement, doit bien calculer du moins que, si dans les circonstances les plus favorables, il n'y éprouve pas de grandes pertes, il ne pourra jamais y trouver les bénéfices qu'il aurait pu en espérer au moyen d'une constante application.

Au nombre des circonstances de l'application, il faut compter en première ligne *la résidence.* C'est pendant tout le cours de l'année que la présence d'un agriculteur à la tête de son entreprise est d'une nécessité absolue. Sans doute, lorsqu'après un assez grand nombre d'années de soins, de tâtonnements et de recherches, un homme est parvenu à amener son affaire au point que les mécaniciens appellent le *mouvement uniforme;* lorsque la machine n'a plus besoin que de recevoir une impulsion déterminée, pour persévérer dans une marche à laquelle il n'y a plus rien à changer, parce que l'expérience a prononcé sur la régularité de tous les détails ; lorsque l'agriculteur a lui-même terminé son apprentissage de pratique, de manière à pouvoir juger même de loin les difficultés accidentelles que les circonstances peuvent faire naître, il est possible, à la rigueur, qu'il dirige son exploitation au moyen d'un agent dévoué et intelligent, et sans une présence continuelle sur les lieux : mais dans ce cas même, il est presqu'impossible que les bénéfices ne soient pas diminués par cette circonstance, parce qu'il est une multitude de cas où il est indispensable de prendre une détermination prompte, et où l'inspection des objets peut seule la motiver avec certitude. Tant que les choses ne sont pas parvenues au point que je viens d'indiquer, tant sous le rapport de l'expérience pratique de l'agriculteur que sous celui de la marche de l'exploitation, ce serait se flatter d'une chimère que de croire à la possibilité de diriger la culture d'une ferme, sans y fixer sa résidence pour toute l'année.

La condition de résidence paraîtra peut-être la plus difficile à remplir pour un grand nombre de propriétaires qui seraient assez disposés à entreprendre l'exploitation d'une partie de leur domaine, mais qui ne voudraient pas faire le sacrifice de l'habitude qu'ils ont contractée, de passer du moins leurs hivers dans la capitale ou dans d'autres villes. Cette habitude est certainement un des plus graves obstacles qui arrêtent les progrès de l'art agricole en France, en opposant une espèce d'impossibilité à l'élan très-prononcé de nos jours, qui porte un grand nombre de propriétaires à se charger d'ouvrir eux-mêmes une carrière qui leur promet un accroissement très-considérable des revenus de leurs propriétés. L'habitude de la résidence dans les villes est le résultat des mœurs qui s'y sont formées depuis environ deux siècles, d'abord dans la classe des grands propriétaires, et ensuite graduellement et par la force de l'imitation autant que par la direction imprimée à dessein par les gouvernants, à toute la classe d'hommes qui, au commencement de cette période, possédait la portion la plus considérable du territoire. Il est né de cette désertion de la terre par les hommes qui la possédaient, des combinaisons nouvelles, qui ont exercé une influence bien profonde sur la position sociale de la classe qui se déshéritait ainsi elle-même de ce qui constituait sa véritable puissance dans l'État; mais il en est résulté aussi des mœurs nouvelles, qui forment encore aujourd'hui le principal obstacle au retour des propriétaires qui ont conservé une portion du sol, vers cette terre où ils pourraient trouver aisance, indépendance et bonheur. La résidence des villes, la fréquence et la multiplicité des relations sociales qui l'occasionnent, les jouissances d'un ordre nouveau qui en sont devenues le résultat, ont dû nécessairement apporter dans les habitudes une multitude de modifications tendant à approprier toutes les circonstances de la vie journalière aux formes et aux exigences des sociétés dans les villes. On ne peut qualifier de *mode* ces modifications, parce qu'elles ne portent pas ce caractère éphémère que l'on attribue communément à la mode; mais, de même que celle-ci, elles provoquent l'imitation avec un empire presque absolu, parce qu'on les considère comme constituant le bon ton, ou le ton de la bonne société, à laquelle personne ne veut demeurer étranger.

Dans les pays où les grands propriétaires n'ont pas

cessé de résider sur leurs domaines, c'est-à-dire, dans presque tous les états de l'Europe, la France exceptée, le ton de la bonne société ne s'est pas ainsi modelé exclusivement sur les habitudes de la vie urbaine : là chacun est resté dans les habitudes de la vie rurale, et loin de les considérer comme déshonorantes, on y voit le cachet d'une supériorité sociale qui commande du moins la considération, parce que la richesse et la puissance sont restées entre les mains des hommes qui n'ont pas abandonné la terre qui en forme la base la plus solide. On sait tout ce qu'ont gagné les mœurs françaises en politesse, en élégance, et l'on peut dire aussi en frivolité, à cette combinaison sociale qui réunissait dans la capitale et dans les grandes villes, tout ce que la population comptait d'hommes opulents et devenus avides du genre de jouissances qu'ils y rencontraient. On a pu voir aussi, dans les événements des cinquante dernières années, quel genre d'influence a exercé cette combinaison sur la position sociale et politique de la classe d'hommes qui désertait ainsi la propriété foncière pour se concentrer dans les villes. Il semble qu'il eût été facile de prévoir les conséquences nécessaires de cette grande révolution dans les mœurs des diverses classes de la population ; car celle qui, en se plaçant en contact avec les classes industrielles dont la fortune s'accroissait chaque jour, venait échanger contre les places et les faveurs fugitives de la cour le patrimoine qu'elle avait dévoré dans le luxe des grandes cités, laissait derrière elle une autre classe industrieuse à laquelle devait échoir en partage la propriété des terres qu'elle avait délaissées, parce que la terre valant toujours le double pour le propriétaire qui la foule chaque jour de ses pieds, elle doit appartenir tôt ou tard à ceux auxquels on a cédé cet avantage.

Mais ce qu'il est important de considérer pour l'objet qui m'occupe ici, c'est la disparition presque totale des mœurs rurales dans les classes élevées de la société, au milieu de ce grand revirement de la propriété foncière. Dès qu'on a eu considéré comme une espèce de honte la résidence de la campagne, ceux-là même qui ne l'avaient pas quittée, adoptèrent comme une sorte de compensation, et pour se rapprocher autant qu'il était possible des apparences de la bonne société, les usages et les habitudes que les convenances de la vie urbaine y avaient introduites, dans la distribution des habitations, dans les vêtements, dans les ameublements, dans la division du temps pour chaque journée, et dans toutes les habitudes de la vie privée, c'est-à-dire, dans toutes les circonstances qui exercent le plus d'influence sur les jouissances et le bonheur de chaque jour ; chez les propriétaires habitant encore la campagne, tout fut calqué sur les usages adoptés à la ville, comme si une position et des circonstances si différentes ne devaient pas exiger des habitudes et des usages souvent entièrement opposés. Il est résulté de là une contradiction perpétuelle entre les circonstances de la vie rurale et les habitudes de tous ceux des propriétaires qui résident momentanément à la campagne, et même d'un très-grand nombre de ceux qui ont continué à y faire leur séjour habituel : tout le monde a voulu être citadin, même au village, et l'on s'est ainsi laissé entraîner à une multitude d'habitudes qui y rendent la vie tellement gênante et incommode, qu'on a fait disparaître presque tout le charme qui s'attache à la vie rurale, pour les hommes qui la comprennent et qui savent en admettre les conséquences.

Lorsqu'un habitant des villes fait un séjour à la campagne, la difficulté qui domine particulièrement ses pensées, c'est de savoir comment il emploiera ses soirées; mais l'homme qui sait vivre hors des villes, n'éprouve guère cet embarras : les soirées ne lui sont pas à charge, car il n'en a pas; mais en revanche, il a de charmantes matinées, parce qu'il se couche et se lève de bonne heure; et si dans les journées les plus courtes de l'hiver, une couple d'heures de nuit précèdent le souper qu'il prend immédiatement avant d'aller se livrer au repos, il trouve cet espace bien court, parce qu'il connaît les douceurs de la vie de famille, et parce que dans le nombre des occupations qui ont de l'attrait pour lui, il en est toujours de sédentaires, bien plus qu'il n'en faut pour occuper quelques heures de la journée; et s'il a autrefois habité les villes, il ne lui arrivera certes jamais d'en regretter ni les longues et bruyantes soirées, ni les parties de jeu, les spectacles ou les fêtes qui les occupent. Il est chasseur, agriculteur ou planteur, car, à la campagne, malheur à qui ne sait pas se faire une occupation qui l'intéresse. Au retour de ses courses du matin, il ne tarde guère à sentir qu'il s'est déjà écoulé longtemps depuis le déjeuner qu'il a pris avant de sortir; il dîne à midi, et il trouve bien rarement qu'il soit encore trop tôt; ayant pris son repas en même temps que ses valets et ses ouvriers, aucune heure de la journée n'est morte pour la surveillance des travaux qu'il fait exécuter. Lorsqu'il revient des champs avec les gros souliers ferrés qui sont sa chaussure favorite, parce qu'elle est la plus commode à la campagne, dès que les pieds s'y sont habitués, il rentre chez lui librement et sans crainte, et y amène ses amis crottés comme lui, parce qu'il n'y trouve pas des parquets cirés que la maîtresse de la maison tremble de voir salir, et sur lesquels l'homme qui a le malheur de porter des clous sous ses semelles, est aussi gêné que l'est avec des souliers de ville, celui qui veut traverser les guérets ou les chemins boueux ou pierreux de la campagne. Ses vêtements sont ceux qui lui conviennent le mieux pour ses occupations de tous les jours, et il visite ses voisins vêtu comme il se trouve, parce qu'une vaine étiquette ne vient point se mêler à ses relations amicales : il vit heureux, parce qu'autour de lui, tout est en harmonie avec les circonstances dans lesquelles il se trouve placé chaque jour. Les mœurs rurales, telles que je viens de les décrire, étaient celles de nos pères, et ce n'était ni le hasard ni le caprice qui les avaient faites, mais elles résultaient de la nature même des choses. Dans la migration des propriétaires vers les villes, ils y portèrent d'abord ces mœurs, spécialement en ce qui regarde la distribution des journées par les repas, qui en forment la division naturelle : on ne tarda pas de s'apercevoir que dans la vie urbaine, une autre distribution du temps était beaucoup plus commode et plus appropriée aux besoins des affaires et aux jouissances des individus; mais comme rien n'est changé dans les éléments de la vie rurale qui sont à peu près les mêmes dans tous les temps, il faudra bien que ceux qui veulent vivre heureux dans cette position, reviennent à des mœurs plus conformes à toutes les circonstances qui les entourent. En effet, le séjour de la campagne entraîne pour ceux qui ne savent pas y conformer leurs habitudes, tant de gêne et de contrainte de tous les instants, que l'on ne doit pas être surpris qu'il existe toujours chez eux une tendance à se rapprocher des lieux où les circonstances sociales seront en harmonie avec la manière de vivre qu'ils ont contractée ; et je ne crains pas d'affirmer que nul ne saura apprécier les douceurs de la vie de la campagne, s'il n'a pas le courage de rompre franchement et sans concession avec les habitudes créées par les mœurs urbaines.

Il est facile de prévoir que, sous l'empire de nos nouvelles institutions, la vie rurale reprendra ses droits à la considération, dans la classe des propriétaires aisés : du moment que les populations ont aussi des places ou des faveurs à décerner, on sera plus disposé à se rapprocher d'elles ; d'ailleurs nous touchons sans doute aux temps où les emplois salariés de l'État qui fixent tant de propriétaires dans les villes, ne seront plus considérés comme un genre particulier de fortune, pour lequel tous les hommes des classes élevées de la société doivent abandonner les soins qu'ils pourraient apporter à leur propre patrimoine. On rencontre encore au temps où nous sommes quelques familles où l'on refuse d'accorder une riche héritière à un prétendant, à moins qu'il ne soit pourvu d'une place ; mais ce préjugé s'éteint tous les jours, et tous les hommes éclairés conçoivent très-bien aujourd'hui que les soins qu'un propriétaire apporte à l'amélioration de ses domaines, forment une occupation tout aussi honorable et souvent plus lucrative que des fonctions publiques salariées. Ce retour de l'opinion tendra certainement à déraciner ce préjugé si funeste à la vie rurale, qui attache une espèce de point d'honneur à imiter d'aussi près qu'on le peut, dans le séjour de la campagne, les habitudes et les mœurs de la vie urbaine. La nouvelle situation de la société est bien faite, d'un autre côté, pour écarter le principal motif de répugnance qui pourrait éloigner de la vie des champs les hommes dont l'intelligence a besoin de se tenir au niveau de la population des villes, dans toutes les branches de connaissances, et de ne pas rester en arrière du mouvement intellectuel de la civilisation. Autrefois la vie de la campagne était une vie d'isolement et presque d'ignorance forcée; aujourd'hui, au moyen de la rapidité des communications de tout genre, au moyen des publications qui se répandent chaque jour sur toute la surface du territoire, tout homme peut, du point le plus reculé, se tenir au niveau des lumières de l'époque, avec autant de facilité que celui qui habite une grande ville. S'il reste en arrière, un espace de quelques jours fera toute la différence.

Tout doit donc faire présumer que la vie rurale regagnera progressivement en France ce qu'elle a perdu pendant un espace de deux siècles; et rien ne peut être plus favorable aux progrès de l'art agricole dans notre pays; car si l'on parcourt les diverses causes auxquelles on peut attribuer l'infériorité trop manifeste dans laquelle est restée l'agriculture en France, relativement à quelques pays voisins, et en particulier à l'Angleterre et à l'Allemagne, on trouvera certainement qu'on doit regarder comme une des plus influentes, parmi ces causes, l'éloignement des propriétaires aisés pour le séjour de la campagne. C'est pour cela que, dans presque toutes nos provinces, c'est par la petite culture que les améliorations s'introduisent, en sorte qu'on serait porté à croire qu'elles ne pourront s'y généraliser qu'à mesure que les grandes propriétés tomberont, par l'effet de leur morcellement successif, en la possession des hommes qui savent en tirer des produits plus élevés, parce qu'ils y consacrent leur attention de tous les jours: tandis que dans les pays où les grands propriétaires se plaisent à la campagne, parce qu'ils ont su y conserver les mœurs et les habitudes qui y rendent la vie douce et heureuse, la grande culture marche de front avec la petite et souvent même la dépasse, dans la carrière des progrès et des améliorations agricoles.

Cependant on ne peut se dissimuler que le retour aux habitudes de la campagne sera lent parmi nous ; et il est facile de prévoir que le principal obstacle se trouvera dans l'éducation que reçoivent les femmes parmi les propriétaires qui jouissent de quelque aisance : cette éducation est encore la suite de la tendance qui a porté jusqu'ici cette classe de la société vers la résidence des villes : si l'on habite encore la campagne, on forme du moins le désir de rendre sa fille digne de tenir une place dans la société des villes, parce qu'on croit lui faire monter ainsi un degré de l'échelle sociale : souvent l'éducation d'une jeune personne est un motif pour une famille, d'aller fixer sa résidence à la ville ; et si des circonstances s'y opposent, on la place dans un pensionnat où elle sera façonnée au ton de la bonne société, c'est-à-dire, à toutes les habitudes urbaines : des talents agréables, qui lui seront de la plus complète inutilité dès qu'elle sera épouse et mère, même si sa résidence se trouve fixée à la ville ; des goûts et des habitudes qui tendent à la détourner à jamais de la vie rurale, voilà à peu près tout ce que recueille une jeune personne de son éducation, au lieu d'y avoir puisé les connaissances, les habitudes et les goûts qui pourraient lui faire trouver tant de charmes dans les soins de famille et de ménage, qui doivent remplir toute la vie de l'épouse d'un propriétaire qui habite la campagne.

On trouve très-fréquemment chez les hommes, surtout

lorsqu'ils ont dépassé l'âge de la jeunesse, une tendance à quitter l'habitation des villes pour se fixer à la campagne, et dès qu'ils ont pu comparer la masse de jouissances que l'on peut espérer dans l'une et dans l'autre position, il est bien rare qu'ils soient disposés à regretter le séjour des villes ; peu d'entre eux hésiteraient même à adopter franchement les mœurs et les habitudes auxquelles ils sentent bientôt qu'est attaché le bonheur de la vie rurale : mais celui d'entre eux qui serait disposé à le faire, trouve ordinairement une résistance presque invincible dans la répugnance de son épouse, de sa fille ou de sa mère. Une femme vertueuse consentira quelquefois avec plaisir à voir fixer à la campagne la résidence de sa famille ; mais dîner à midi, voir son mari en blouse, renoncer à ses parquets cirés, admettre à sa table des voisins dans le costume des champs, ce sont là des choses dont la seule idée ferait glacer tout son sang dans ses veines. Un changement radical dans le système de l'éducation des femmes est donc une des principales conditions du retour des propriétaires vers les habitudes de la vie rurale ; mais ce changement ne se fera pas longtemps attendre, lorsque les hommes, tournant leurs vues vers ce nouvel avenir, placeront au premier rang, parmi les motifs qui les déterminent dans le choix d'une épouse, une éducation solide, propre à former une mère de famille soigneuse des intérêts d'un ménage à la campagne, et répandant des délices sur la vie intérieure de la maison, plutôt que cette éducation brillante, dans laquelle on dissimule à peine que l'on s'efforce de faire d'une jeune personne l'ornement des sociétés, bien plus que de la rendre propre à devenir le centre où viennent se resserrer tous les liens de famille.

Je me suis peut-être étendu trop longuement sur les circonstances qui se rapportent à la vie rurale, dans la classe des propriétaires aisés ; mais toutes ces circonstances exercent une puissante influence sur la détermination d'y fixer sa résidence et sur le bonheur dont on peut y jouir : cette résidence forme, d'un autre côté, une condition si importante pour le succès de toutes les entreprises d'améliorations agricoles, et une considération d'un si haut intérêt pour l'avenir de l'agriculture en France, que l'on me pardonnera, je l'espère, les détails qui ont pu excéder les limites des proportions, dans cette partie de mon travail.

§ VI. *Régisseurs agricoles.*

Le propriétaire qui désire se livrer à une entreprise agricole, et qui ne veut pas résider constamment à la campagne, ou du moins qui n'est pas disposé à consacrer tout son temps à la direction et à la surveillance de son exploitation, cherche communément à se procurer un agent qu'il place à la tête de son entreprise, et auquel on donne ordinairement la dénomination *de régisseur.* Cette dénomination est certainement fort impropre, car elle confond un chef de culture avec l'agent comptable chargé par un propriétaire de percevoir ses revenus, ou tout au plus d'administrer des propriétés affermées ou exploitées par des métayers, mais sans qu'il soit chargé de diriger lui-même une exploitation agricole. Cette confusion de mots suffirait seule pour prouver combien peu on a compris jusqu'ici, en France, les fonctions des agents que je veux désigner ; cependant cette dénomination étant déjà consacrée par l'usage, je la conserverai ici, en continuant de les appeler *régisseurs agricoles.*

L'emploi des agents de cette espèce est extrêmement commun en Allemagne, où ils sont connus sous le nom de *Verwalter ;* les propriétaires nobles qui généralement font valoir quelques-uns de leurs domaines, les font agir sous leur direction immédiate ; et un grand nombre de fermiers ont aussi recours à leurs services, dans les exploitations étendues. C'est là, comme j'ai déjà eu occasion de le faire remarquer, une excellente école d'application pour les jeunes gens qui se destinent à la pratique de l'agriculture ; ét des hommes jouissant d'une fortune indépendante, n'hésitent pas à traverser ce noviciat, avant de travailler pour leur propre compte. En France, plusieurs propriétaires ont fait, dans ces derniers temps, des tentatives pour introduire chez eux l'usage de ces agents ; presque toutes ont échoué, et il me semble qu'il en devait être ainsi, d'après les idées qui avaient été conçues par les propriétaires et par les régisseurs sur la position dans laquelle ces derniers devaient être placés. Je ne dirai pas qu'il y ait eu des torts de part et d'autre, mais je crois pouvoir affirmer, d'après les détails qui me sont connus sur un assez grand nombre de ces tentatives, qu'il y a presque toujours eu, des deux côtés, défaut d'intelligence des conditions les plus essentielles pour qu'une combinaison de ce genre puisse obtenir du succès. Cette combinaison est si nouvelle en France, qu'il n'est certes pas surprenant qu'on n'en ait pas bien compris les éléments ; il m'a donc paru utile de les exposer ici avec quelque détail, parce que je crois qu'il est très-désirable que de nouvelles tentatives aient plus de succès, et qu'on voie s'étendre chez nous un usage qui contribue essentiellement à rendre plus facile aux propriétaires l'exploitation de leurs domaines.

L'erreur la plus grave qui ait été commise par les jeunes gens qui s'offraient pour remplir les fonctions de régisseurs agricoles, a été de croire qu'il était convenable ou même possible qu'un propriétaire plaçât en eux assez de confiance dès le début, pour leur abandonner la direction presque absolue d'une entreprise agricole, en leur livrant les capitaux qui devaient lui être appliqués, et en leur donnant à peu près *carte blanche* sur les moyens d'exécution. Des jeunes gens qui avaient consacré quelques années aux études agricoles, et qui s'adressaient à des propriétaires entièrement étrangers à l'art de la culture, ont bien pu croire qu'un mandat aussi étendu leur était nécessaire pour ne pas être contrariés dans l'exécution des plans qu'ils avaient conçus; et il était possible que ces propriétaires ne comprissent pas, dès l'abord, toute la gravité des inconvénients qui devaient en résulter, parce qu'ils ne s'étaient formé que des idées théoriques et fausses sur ce qui constitue l'instruction agricole. Une telle combinaison ne pouvait avoir la moindre durée. On conçoit que dans quelques cas, quoique très-rares, un propriétaire puisse abandonner la direction d'une entreprise agricole à un homme d'un âge mûr, dont il connaît parfaitement la moralité, et qui a déjà fait ses preuves en dirigeant avec succès, pendant un temps assez long, les travaux d'une grande exploitation : mais presque jamais un jeune homme, quelque instruit et appliqué qu'on le suppose, n'eût été en état de justifier la confiance illimitée qu'il réclamait; et il eût fallu néanmoins la justifier par des faits, par des résultats, et même par des résultats immédiats; car si le propriétaire est étranger aux combinaisons agricoles, on peut être assuré qu'il n'en sera que plus pressé de jouir et de voir des résultats; la défiance ne tardera pas à s'emparer de lui, et comme il ne manquera pas d'arriver que l'installation du nouveau régisseur et le développement de ses opérations contrarieront, parmi les personnes qui entourent le propriétaire, beaucoup d'idées et souvent beaucoup d'intérêts, on peut être assuré qu'avant peu de temps, soit que le propriétaire habite sur son domaine, soit qu'il en demeure éloigné, des rapports, des avis ou des insinuations de toute espèce viendront détruire, dans son esprit, la confiance trop étendue qu'il avait placée dans son régisseur. Alors ce sera presque toujours par des obstacles de détail apportés à l'exécution du plan conçu par ce dernier, qu'on cherchera à modérer les dépenses dans lesquelles on est entraîné, et dès ce moment tout succès est impossible : il y avait peut-être une chance de réussite contre quatre, si le propriétaire eût persévéré dans sa confiance illimitée pour le régisseur; mais dès que celui-ci est entravé dans sa marche par des obstacles qu'il n'a pu prévoir et calculer, il devient matériellement impossible que l'entreprise marche avec quelque succès.

C'est là l'histoire fidèle d'un grand nombre de tentatives de ce genre; et de quelque côté qu'on envisage cette question, il semble impossible qu'une combinaison de cette nature puisse obtenir du succès, si un propriétaire ne se détermine pas à se charger lui-même de la direction supérieure de son entreprise, et à ne voir dans un régisseur agricole, qu'un agent entièrement subordonné, et destiné à lui rendre plus faciles la direction de l'ensemble et la surveillance des détails. Je conçois qu'un propriétaire encore étranger aux matières agricoles, cherche à rencontrer dans son régisseur un jeune homme qui possède beaucoup plus de connaissances que lui sur ces matières ; mais je pense que son intention doit toujours être d'en faire seulement un conseiller qui l'aide à acquérir lui-même l'instruction agricole par l'étude et la pratique, et jamais un organe indépendant qui puisse mettre ses propres volontés à la place de celles de l'homme qui fournit les écus. Cette position pourra paraître beaucoup moins brillante au jeune homme qui se destine aux fonctions de régisseur ; mais je puis l'assurer qu'elle sera beaucoup plus solide, et qu'elle est la seule qui puisse l'affranchir des dégoûts de tout genre qu'entraîne presque inévitablement la responsabilité qui pèserait sur lui dans une situation plus indépendante. Je ne lui conseillerais jamais toutefois de contracter des relations de ce genre avec un propriétaire qui voudrait diriger les opérations de la culture, sans s'occuper personnellement du soin d'acquérir les connaissances nécessaires pour se mettre en état d'apprécier par lui-même l'utilité des améliorations qu'il lui proposera ; car s'il faut que le propriétaire place de la confiance dans le régisseur, il est indispensable que cette confiance repose sur autre chose que sur l'approbation des personnes que le propriétaire consultera chaque jour, et dont les avis seront ou fort discordants, ou intéressés, ou très-peu éclairés ; la position du régisseur, dans ce cas, ne vaudrait pas mieux que celle dont je viens de retracer les inconvénients. Mais avec un propriétaire, homme de sens et de jugement, disposé à discerner par lui-même la valeur des plans proposés par son régisseur, et à se livrer personnellement aux études et aux observations nécessaires pour se mettre en état d'apprécier ses opérations, je suis convaincu qu'un régisseur sage lui-même et possédant une bonne instruction agricole, trouvera dans sa soumission aux directions du propriétaire, non-seulement une position agréable et exempte des plus graves inconvénients de cette profession, mais aussi un modérateur très-utile et un puissant préservatif contre les fautes que commet souvent, dans la direction d'une entreprise agricole, un jeune homme animé des meilleures intentions, mais encore peu habitué à la conduite des affaires. La confiance du propriétaire dans son régisseur s'accroît à mesure qu'il l'en reconnaît digne, et aussi à mesure qu'il acquiert lui-même de l'expérience et de l'instruction dans les matières agricoles : si les résultats justifient les plans proposés par le régisseur, celui-ci obtiendra vraisemblablement par la suite plus d'indépendance pour leur exécution, parce que la confiance reposera alors sur ses seules bases solides : les lumières du propriétaire, et la connaissance approfondie qu'il aura du caractère et de la capacité de son agent.

Mais si je crois que le régisseur doit être placé dans une position constamment dépendante à l'égard du propriétaire, je regarde, d'un autre côté, comme entièrement indispensable que ce dernier lui accorde, dès le début, une autorité entière sur tous les agents inférieurs de l'exploitation : il faut que ce soit le régisseur seul qui donne ou qui révoque tous les ordres relatifs à l'exécution des travaux, et le propriétaire ne peut éviter avec trop de soin de donner directement aux valets aucun ordre de ce genre, même relativement aux plus petits détails ; c'est toujours par l'organe du régisseur qu'il doit les transmettre, et c'est à lui seul qu'il doit adresser les plaintes ou les reproches auxquels pourraient donner lieu, soit une opération exécutée contre ses intentions, soit les fautes qu'il remarquerait dans l'exécution des travaux.

Parmi tous les agents placés sous les ordres du régisseur, il ne faut pas qu'il y en ait un seul qui, employé parfois à un autre service qui ne serait pas dans ses attributions, ne se trouvât sous son autorité que d'une manière incomplète; et il est indispensable que tous les subordonnés soient convaincus que l'autorité que le régisseur exerce sur eux est entière et sans réserve, et que le propriétaire n'hésitera pas à congédier celui qui aura donné lieu à des plaintes graves de sa part. C'est uniquement dans ses relations confidentielles avec le régisseur, que le propriétaire doit tempérer, lorsque cela est nécessaire, ce que pourrait avoir de trop absolu cette autorité sans laquelle il serait entièrement impossible au régisseur d'obtenir la subordination et l'exécution ponctuelle des ordres qu'il donne dans les différentes branches du service. Le régisseur devra agir d'après le même principe avec les chefs d'ateliers auxquels il confiera la surveillance des travaux pour une opération particulière; son autorité ne s'exercera que sur le chef, et les autres ouvriers devront être entièrement sous les ordres de celui-ci, car la surveillance sans l'autorité est toujours inefficace et illusoire.

Partager avec le régisseur l'autorité sur les agents inférieurs, est, de la part du propriétaire, une combinaison vicieuse qui place l'un et l'autre, ainsi que tous les valets, dans la position la plus fausse, et qui frappe de paralysie l'autorité des chefs, en faisant naître à chaque instant des embarras et des contrariétés dans le service : mais placer tous les subordonnés sous les ordres exclusifs du régisseur, et conserver sur ce dernier l'autorité au moyen de laquelle il fera exécuter toutes ses volontés, c'est pour le propriétaire le seul moyen d'obtenir une organisation forte, qui lui assure à lui-même l'exécution de tous ses ordres jusque dans les plus petits détails ; c'est là le principe d'après lequel l'autorité se distribue dans toutes les branches de l'administration publique, parce que l'expérience a fait reconnaître qu'il est le plus favorable à l'exercice du pouvoir ; et il n'est ni moins applicable, ni moins nécessaire dans l'administration de toutes les entreprises privées qui exigent le concours d'agents intermédiaires entre le chef et les employés qui exécutent manuellement les travaux. Je ne crains pas de dire que c'est pour avoir méconnu ce principe, ou pour n'y avoir pas attaché assez d'importance, que la plupart des propriétaires qui ont essayé de placer des régisseurs à la tête de leurs exploitations, n'ont obtenu de cette tentative que des résultats propres à les dégoûter à jamais de cette combinaison, ou du moins à leur persuader que le sujet qu'ils avaient choisi n'y était pas propre ; car on ne peut que juger très-défavorablement l'agent que l'on place ainsi dans une position où il est moralement impossible qu'il développe les facultés intellectuelles et l'instruction qui pourraient exister chez lui.

§ VII. *L'éducation.*

L'éducation imprime son caractère sur toute la vie de l'homme : elle laisse encore subsister des dispositions et des aptitudes diverses, parce qu'elle ne peut détruire l'individualité ; mais elle la modifie à un très-haut degré, et pendant tout le cours de son existence, un homme conservera quelque chose des impressions qu'il a reçues pendant cette période de la vie qui précède la virilité. L'éducation que les hommes reçoivent communément en France, c'est-à-dire, l'éducation telle qu'elle est donnée dans les établissements publics, est-elle propre à développer les qualités qui facilitent les succès dans l'agriculture? Telle est la question que je dois examiner, puisque je m'adresse aux classes éclairées qui n'ont guère eu jusqu'ici à leur disposition que ce genre d'éducation, et puisqu'il s'agit de rechercher l'influence qu'il peut exercer sur le succès d'un agriculteur. Ce que j'ai à dire sur ce sujet n'offrira peut-être que des regrets à plusieurs de ceux qui me liront; mais il me semble que l'examen de cette question présente une matière du plus haut intérêt pour la génération future.

On peut, je pense, avancer sans hésitation que le mode d'éducation généralement usité en France, n'est nullement propre à former des hommes qui puissent se promettre des succès dans la carrière de l'agriculture. Pendant cette période de la vie qui semble destinée à graver dans l'esprit et l'imagination des hommes, les impressions qui serviront de guide à leurs actions pendant toute leur carrière, les jeunes gens sont occupés à recueillir des idées et des connaissances qui leur seront de la plus complète inutilité pour l'exercice de cet art : les langues anciennes, des notions plus ou moins précises sur les peuples de l'antiquité, objets sur lesquels on fixe presque exclusivement l'attention des jeunes gens, ne leur présenteront pas, dans tout le cours d'une carrière agricole, le plus léger secours, ni l'occasion d'une seule application. Mais ce n'est pas seulement par ce motif que l'on doit considérer l'éducation que l'on reçoit dans les colléges comme moins propre à former des agriculteurs qu'à préparer les hommes à la plupart des autres professions de la vie sociale; car sous ce rapport, elles sont toutes placées à peu près dans la même position : en effet, il serait aussi inutile à un cultivateur d'étudier son art dans les géoponiques anciens, qu'il l'est à un magistrat de lire dans les textes originaux le digeste ou les institutes, ou à un médecin de consulter l'original des aphorismes d'Hippocrate, ou des verbeux préceptes de Galien. Ce contre-sens complet entre la vie sociale et l'éducation, est le résultat de l'inconcevable bizarrerie qui a perpétué jusqu'à nos jours, dans les écoles, les mêmes objets d'enseignement que l'on y avait adoptés dans les siècles où les seules sources de connaissances se trouvaient dans les auteurs anciens, et où les savants, au lieu de traduire ces auteurs, de les imiter et de les commenter en langue vulgaire, comme on l'a fait depuis, avaient eux-mêmes adopté l'usage des langues mortes. Le système d'éducation suivi encore aujourd'hui dans les colléges, est donc tout simplement un anachronisme, et il n'est certes pas difficile de découvrir sous quelles influences un tel système a survécu pendant si longtemps à l'état social qui l'avait fait naître.

L'agriculture ne pourrait donc pas raisonnablement se plaindre d'être plus mal partagée dans les cours d'éducation de nos colléges, que les autres branches de connaissances les plus utiles dans nos sociétés modernes; mais il y a dans l'éducation des colléges quelque chose qui tend essentiellement à détourner les hommes de la carrière agricole, et qui les rend moins propres à la parcourir qu'à se livrer à quelques-unes des autres occupations de la vie. Ici, l'agriculture se trouve placée dans une position qui lui est commune avec toutes les autres branches d'industrie; le commerce et l'industrie manufacturière sont, de même que l'industrie agricole, des carrières pour lesquelles l'éducation ordinaire des colléges forme, souvent pour la vie, un obtacle très-grave aux succès, lorsqu'elle n'en détourne pas pour jamais les jeunes gens qui l'ont reçue. Qui n'a entendu faire cette remarque si souvent répétée par les gens du monde, savoir que les négocians et les manufacturiers, même les plus distingués dans leur profession, sont en général des hommes qui manquent presque complétement de ce que l'on appelle connaissances générales, et sont même, il faut trancher le mot, fort ignorants sur tout ce qui est étranger à la profession qu'ils ont embrassée? A quelques exceptions près, cette observation est parfaitement juste, et elle est bien correspondante à une observation semblable que l'on peut faire relativement à l'immense majorité des hommes qui ont obtenu des succès remarquables en agriculture. Cela vient, bien certainement, de ce qu'il y a dans les formes et dans le mode de notre éducation, quelque chose d'antipathique avec des succès industriels, et si l'on apporte un peu d'attention à ce sujet, je pense qu'il ne sera pas difficile de découvrir ce qu'il y a de répulsif pour tous les genres d'industrie, dans les impressions que nous recevons dans notre jeune âge. Il est certain d'abord que le soin que l'on prend d'appliquer exclusivement l'attention des jeunes gens à des objets abstraits et intellectuels, ou à des faits qui sont ceux d'un âge très-éloigné du nôtre, les dispose très-mal à juger sainement, dans le monde, ce qui les entoure immédiatement, et les empêche, peut-être pour toute leur vie, d'observer et d'apprécier les faits matériels et positifs qui sont sous leurs yeux; si l'on force ensuite leur attention à se porter sur ces faits, comme cela arrive dans l'étude des sciences physiques et naturelles, ils seront bien plus disposés à les considérer d'une manière systématique et à les généraliser, comme il convient à la marche de ces sciences, qu'à se borner à ce qu'elles ont de positif et d'immédiatement applicable, comme doivent presque toujours le faire les arts industriels. Une tournure d'esprit systématique et scientifique, est donc le résultat le plus ordinaire des études des colléges et des universités, parce que ces études disposent l'esprit à poser *des principes* et à en déduire jusqu'aux dernières conséquences; et celui qui en sort ne voit rien que de rétréci et presque d'indigne de l'intelligence humaine, dans cette marche humble et en quelque sorte terrestre qui peut seule, dans les carrières industrielles, prévenir les chutes si communes pour ceux qui veulent s'élever dans l'atmosphère des théories scientifiques.

Dans les sciences exactes, on tire d'un principe, sans crainte d'erreur, toutes les conséquences que l'on peut en déduire, et toutes les questions se résolvent par des déductions d'un principe. On procède ordinairement de même dans les sciences morales et philosophiques; et il serait superflu d'examiner ici si cette marche conduit toujours à la vérité dans les recherches de cette nature: mais dans les sciences d'application et dans les arts qui en dérivent, l'erreur devient souvent si manifeste, lorsqu'on veut déduire d'un principe toutes les conséquences qui en découlent avec évidence, que l'on a été souvent amené à dire que le principe est certain, que la théorie est bonne, mais qu'il est nécessaire de lui faire subir des modifications pour la rendre applicable à la pratique. Il serait certainement plus exact de dire, qu'outre le principe que l'on a posé, la matière est encore régie par d'autres que l'on n'aperçoit pas avec autant d'évidence, ou dont on ne peut pas aussi facilement apprécier l'influence : par exemple, dans l'application des mathématiques à la mécanique, on calcule rigoureusement la puissance et la vitesse de toutes les parties d'une machine, d'après les données fournies par ses éléments ; pourquoi les effets, dans la pratique, ne sont-il jamais d'accord avec les résultats de ces calculs? C'est qu'à côté des principes inflexibles dont on a tiré les conséquences, d'autres principes sont venus modifier les effets: ces principes sont relatifs aux propriétés physiques des corps qui entrent dans la composition de la machine ; la pesanteur, la flexibilité, l'adhésion, etc., etc. ; mais nos connaissances actuelles ne nous permettent pas de soumettre au calcul les conséquences de ces divers principes, comme celles des principes de statique sur lesquelles on a établi les résultats théoriques ; et c'est pour jeter un voile sur les limites de nos connaissances, que nous disons que le principe que nous avons posé doit subir des modifications dans la pratique : on laisse en lumière le principe dont nous embrassons toutes les conséquences, et on tire le rideau sur ceux qui nous sont moins connus, parce que l'amour-propre de l'observateur se trouve blessé par l'impuissance du calcul.

Depuis que l'on a écarté de l'enseignement les arguties dont il était hérissé dans les siècles derniers, on a certainement diminué d'une manière très-sensible cette disposition des esprits à reporter dans tous les genres de recherches le procédé de déductions d'un principe inflexible : mais il reste encore beaucoup de cette tendance dans la marche actuelle de l'enseignement ; et cette disposition résulte nécessairement de l'application exclusive de l'intelligence, sans lui aider par l'observation des faits, parce qu'on s'habitue ainsi à vouloir résoudre toutes les questions *à priori* par la seule voie du raisonnement ; ainsi il est remarquable que c'est surtout parmi la jeunesse qui sort des écoles, que l'on rencontre cette répugnance à admettre aucune vérité, si elle n'est la conséquence d'un principe clairement défini. Lorsque l'âge vient affaiblir ces impressions, les hommes deviennent plus positifs à mesure qu'ils sont plus expérimentés; et ceux qui sont doués d'un sens droit s'accoutument, mais ordinairement dans un âge assez avancé, à s'adresser bien plus fréquemment aux faits et à l'observation qu'aux principes, ou du moins à corriger constamment les uns par les autres, parce qu'ils savent que dans l'observation des faits ils trouveront en quelque sorte la résultante des conséquences de tous les principes manifestes ou occultes qui régissent la matière. On s'aperçoit que la science ne sait pas tout, et l'on se résigne à faire usage, pour son profit, des connaissances que l'on tire de l'observation des faits, en attendant sans impatience qu'il plaise à la théorie de les rattacher à un principe. Dans les arts industriels de même qu'en politique, c'est là ce qui constitue la différence entre les hommes de pratique et d'application et les hommes de théorie ; mais dans tous les arts qui dérivent de l'application des sciences, et dans l'agriculture plus que dans aucun autre, malheur à celui qui ne voit que des principes à appliquer et des conséquences à déduire ; aussi, malheur presque toujours aux jeunes gens encore imbus de l'esprit qu'ils ont puisé dans nos écoles.

Il est encore, à mes yeux, dans notre système d'éducation, une autre cause qui tend au moins autant que celle que je viens de signaler, à détourner les hommes de toutes les carrières industrielles, et à les rendre peu propres à y obtenir des succès. Je ne sais si l'erreur est de mon côté, ou si je ferai bien comprendre ma pensée dans ce que je vais dire, mais il me semble que je vais toucher à la cause essentielle de ce fait si bien démontré par l'expérience, savoir, que les hommes qui possèdent une certaine masse de connaissances générales, sont presque toujours les moins disposés, en France, à embrasser la carrière de l'industrie, et les moins propres à y réussir : si un jeune homme eût acquis de l'instruction, c'est-à-dire, s'il eût suivi les cours des établissements publics, seule voie qui lui fût ouverte jusqu'à nos jours, il ne se serait pas fait manufacturier ou négociant ; et s'il eût pris ce parti, on peut assurer qu'à part le cas d'une de ces capacités spéciales qui se frayent une route à travers tous les obstacles, il n'eût pas réussi dans cette carrière.

L'éducation des colléges détourne les jeunes gens des carrières industrielles, parce qu'elle tend à les jeter dans un ordre d'idées qui verse une sorte de mépris sur ce moyen d'acquérir l'aisance ou la richesse ; et si l'on y regarde de près, on demeurera convaincu que c'est là un résultat inévitable des soins que l'on prend, pendant tout le cours des études, de transporter les jeunes gens au sein des nations de l'antiquité, où les éléments de l'ordre social étaient entièrement différents de ceux des peuples modernes : chez ces derniers, la puissance des sociétés réside dans leurs richesses, et l'industrie étant la seule source de toute richesse, même de la richesse agricole, elle serait placée au premier rang parmi les occupations utiles et honorables, si nous n'avions toujours à lutter contre les idées perçues dans notre premier âge, et qui nous font chercher ailleurs les qualités et les occupations qui méritent l'estime et la considération du monde; parce qu'en effet, dans les sociétés de l'antiquité qui ont été le premier séjour de notre jeunesse, les éléments de la prospérité publique étant d'une tout autre nature, les arts industriels n'occupaient qu'un rang très-inférieur dans la considération des hommes.

Il serait difficile de s'imaginer, si l'on n'avait sous les yeux des exemples puisés dans les mœurs des diverses nations modernes, combien ces premières impressions de la jeunesse exercent de puissance sur la direction des idées des hommes pendant tout le cours de leur vie, et sur les opinions qui dominent les nations. On a bien souvent observé que les peuples protestants se distinguent d'une manière très-remarquable à côté des populations catholiques, par leurs dispositions et leur aptitude à toutes les branches d'industrie : le mode d'éducation fait certainement ici toute la différence, car il serait difficile de trouver dans les doctrines de l'une ou de l'autre croyance, la cause d'une différence semblable. Mais la langue latine étant restée la seule en usage dans l'Église romaine, elle a continué à former la base unique de l'enseignement chez les peuples catholiques, en sorte que nous passons nos premières années entourés des mœurs et des habitudes de l'ancienne capitale du monde. Les communions protestantes ayant adopté les langues vulgaires pour les exercices de leur culte, l'étude du latin a pris beaucoup moins d'importance chez les peuples qui se sont soumis aux dogmes de la réformation; elle n'occupe plus, du moins dans l'éducation, qu'une place fort circonscrite; et les jeunes gens, dès que l'âge leur permet d'observer ce qui les entoure, peuvent façonner leurs idées sur les mœurs et sur les habitudes au sein desquelles ils doivent passer leur vie. On a fréquemment remarqué les habitudes laborieuses qui distinguent communément les pasteurs des communions protestantes dans les campagnes : presque partout, ce sont eux qui ont donné à la fois l'exemple et le précepte des améliorations de l'agriculture, et ils ont exercé une influence immense sur les progrès de l'art agricole dans toutes les parties protestantes de l'Allemagne. Les membres du clergé catholique, à un petit nombre d'exceptions près, ont adopté des habitudes entièrement différentes, et l'on a fréquemment exprimé le vœu qu'ils imitassent, sous ce rapport, leurs confrères des autres églises chrétiennes: mais il y a ici un obstacle insurmontable dans le genre d'éducation qu'ils ont reçue ; et les desservants de nos campagnes n'auront jamais ni goût ni aptitude pour les travaux agricoles, tant que leur jeunesse aura été employée à imprimer à leurs idées une direction qui les détourne invinciblement de ceux-ci. Pour les gens du monde, l'éducation a bien reçu, surtout depuis un demi-siècle, quelques modifications qui leur ont laissé un peu mieux entrevoir, pendant la période de leurs études, les objets qui les entourent dans le monde : mais ce changement est loin encore d'être complet ; la vie sociale n'est encore, surtout pour les jeunes gens les plus appliqués et les plus studieux, qu'un objet qu'ils jugent et qu'ils apprécient d'après les idées dans lesquelles on les entretient dans le cours de leurs études ; et en général nous sortons des colléges avec des idées et des dispositions en rapport avec un ordre social entièrement différent de celui dans lequel nous sommes destinés à vivre.

Pour rendre plus claire l'idée que je voudrais exprimer ici, je dirai que deux ordres d'intérêts différents se partagent la vie sociale : les intérêts généraux et les intérêts privés. Dans les sociétés de l'antiquité, où l'on puise les modèles que l'on offre à l'éducation de l'enfance, les intérêts généraux devaient tout dominer chez le citoyen, et la vertu suprême était pour lui l'abnégation de ses propres intérêts et un dévouement absolu à ceux de la société dont il faisait partie, parce qu'il ne pouvait presque jamais la servir qu'en sacrifiant du moins quelque chose de ses intérêts privés ou de son bien-être personnel. Dans les sociétés modernes, dont la richesse fait presque la seule puissance, et où la richesse ne s'acquiert que par l'industrie, l'homme qui s'enrichit par des travaux industriels sert son pays, et lui est aussi utile, je pourrais probablement dire beaucoup plus utile que celui qui, se dépouillant de toute idée d'intérêt privé, sacrifie à sa patrie tout son temps et ses facultés. Il en était sans doute de même chez quelques nations industrieuses de l'antiquité ; et s'il nous restait des monuments des mœurs de Tyr et de Carthage, il est problable que nous y trouverions l'industrie honorée autant que l'était à Rome, dans les beaux temps de la république, le brûlant patriotisme des hommes qui sacrifiaient toute leur existence aux destinées de la patrie.

Il est certain que rien n'est grand et beau comme ce sublime dévouement des citoyens aux intérêts de la société dont ils font partie ; et il n'est pas surprenant que les idées de cet ordre produisent sur des cœurs généreux, des impressions que l'âge peut à peine affaiblir : mais il ne faut pas croire que le véritable patriotisme soit banni des sociétés industrieuses où les ressorts de l'intérêt privé sont considérés comme éminemment utiles à la chose publique, parce qu'ils forment la base principale de la prospérité et de la puissance nationale. L'Angleterre, les États-Unis, la Hollande, et quelques autres nations où l'industrie est considérée comme la base de la prospérité publique, nous fournissent des preuves sans réplique de cette vérité; et il semble même, lorsqu'on étudie les mœurs de ces nations, que l'attachement des hommes à leur patrie s'accroît, par cette fusion des intérêts généraux et des intérêts individuels, de toute la force que peut lui donner le sentiment qui porte si invinciblement l'homme à la recherche de son propre bien-être.

Tous les jours on accuse chez nous d'égoïsme le caractère national des Anglais en particulier, et je citerai ici un exemple des reproches de ce genre, parce qu'il est puisé dans l'industrie agricole. On sait à quel degré de perfection *Bakewell* a porté en Angleterre l'art d'améliorer les races de bestiaux. Ce cultivateur travaillait bien dans des vues d'intérêt privé; et quoiqu'il ait mal servi sa propre fortune pendant fort longtemps, à cause de la lenteur avec laquelle on arrive à des résultats satisfaisants, dans les tentatives de cette nature, pour lesquelles il n'épargnait aucune dépense, cependant ce n'était pas un dévouement patriotique qui l'y entraînait, mais bien l'espoir de réaliser les projets de fortune qu'il avait formés. Tout, dans sa conduite, était dirigé vers ce but : il vendait à des prix excessivement élevés les animaux améliorés qui devaient servir de types aux nouvelles races; et lorsqu'il louait pour la monte un bélier distingué, ou lorsqu'il consentait à faire saillir une vache par un de ses plus beaux taureaux, c'était moyennant une rétribution dont le taux nous étonne, parce que nous avons peine à comprendre de tels sacrifices faits par des particuliers, pour l'amélioration d'une race de bestiaux : 25 guinées pour un seul saut d'un bélier, est certes un prix qui pourrait faire taxer d'une excessive avidité celui qui l'exige. On raconte aussi que *Bakewell*, lorsqu'il vendait pour la boucherie des béliers ou des brebis qu'il jugeait convenable de réformer, ne manquait pas de prendre les moyens que son art lui indiquait, pour que ces animaux fussent attaqués de cachexie avant d'être livrés à l'acheteur, de peur que celui-ci ne fût tenté de changer la destination de ces animaux, en les employant à la reproduction. Tout cela indique certes bien que dans tous les travaux de ce cultivateur, son intérêt privé était le guide principal qui le dirigeait ; aussi les reproches d'égoïsme ne lui ont pas été épargnés par des écrivains français, qui n'ont voulu voir en lui qu'un homme animé de sentiments méprisables : mais en Angleterre, où l'on connaît mieux la valeur de l'intérêt privé comme ressort de la prospérité publique, non-seulement *Bakewell* a été considéré, depuis qu'il n'existe plus, comme un des citoyens dont les travaux ont été le plus utiles à leur pays ; mais de son vivant aussi cet homme a été apprécié et honoré comme il le méritait, et l'on a vu le parlement, d'accord avec le gouvernement, lui allouer, à deux reprises différentes, des sommes considérables à titre de récompense nationale, et pour lui fournir les moyens de continuer des travaux qui étaient destinés à devenir par la suite une des principales sources de la richesse agricole du pays. On savait bien, en effet, que quelque soin que mît *Bakewell* à entourer de mystère les opérations à l'aide desquelles il savait modifier d'une manière presque miraculeuse les formes des bestiaux, il resterait après lui, non-seulement les races qu'il aurait créées, mais aussi l'art à l'aide duquel il les avait produites ; et l'on s'en rapportait à l'intérêt privé de ses rivaux fortement stimulé par les succès qu'il obtenait, pour lui en dérober le secret. Les Hollandais ont également honoré par des témoignages de la reconnaissance nationale, la mémoire de l'homme qui avait élevé sa fortune sur la découverte de l'art d'encaquer les harengs ; et il est certain que cet industrieux commerçant a rendu, par l'invention de ce procédé, non-seulement à son pays, mais à l'humanité entière, un immense service.

C'est ainsi que chez les peuples industrieux l'intérêt privé est regardé comme le plus puissant véhicule de la prospérité générale, et par suite comme un sentiment louable et digne de la considération des hommes ; tandis qu'avec la disposition d'esprit que nous avons puisée dans l'éducation des écoles, nous n'y voyons qu'un sentiment méprisable et que nul homme n'ose avouer, s'il a la prétention d'une certaine élévation dans les idées et le caractère. Ce préjugé, car c'en est un dans l'état actuel de nos sociétés modernes, où l'intérêt public n'est que le faisceau formé de tous les intérêts privés, est venu merveilleusement à l'appui de cette antique opinion de nos gentilshommes, qui eussent cru déroger à leur noblesse en se livrant à une industrie quelconque ; et il tend directement à tarir une des principales sources de la prospérité publique. En France, parmi les hommes qui ont reçu cette impression dans leurs premières années par le seul mode d'éducation usité dans les classes éclairées, une partie reste, pendant tout le cours de la vie, sous l'influence de ce désintéressement généreux, et ceux-là, qui sont d'ailleurs les hommes les plus honorables et les plus dignes d'estime, ou ne s'adonneront jamais à aucun genre d'industrie, ou ne possèdent rien de ce qui peut y faire réussir; d'autres, et en grand nombre aussi, parce que l'intérêt privé est un sentiment qui s'efface difficilement du cœur de l'homme, ne tardent pas de s'apercevoir, dès que le contact avec la société a affaibli les impressions de la jeunesse, qu'il y a quelque chose qui ressemble à de la duperie, dans cette abnégation des intérêts privés; mais presque jamais ils n'abordent franchement une carrière industrielle où le but avoué est le profit, parce qu'il leur restera toujours quelque chose des idées qui tendent à la faire considérer avec un sentiment de mépris, et surtout parce qu'ils savent que dans l'opinion de beaucoup des hommes qui les entourent, l'exercice d'une industrie entraîne avec elle quelque chose d'avilissant. Alors, c'est par d'autres moyens que l'on cherche à servir ses intérêts : l'avidité des places lucratives, poursuivies sans capacité et sans études préliminaires, la ruse et souvent la mauvaise foi dans toutes les relations de la vie privée, viennent remplacer l'exercice d'une honnête industrie qui s'annoncerait à tous par une enseigne et une patente, ou par la blouse du fermier; et le dévouement aux intérêts généraux se conserve souvent comme le masque que l'on sait être le plus propre à porter l'illusion dans l'esprit du plus grand nombre des hommes éclairés; ainsi, ce que la société perd en force et en prospérité, par l'espèce de défaveur qui se répand sur les industries lucratives, elle ne le regagne pas en vertus privées.

La pratique de l'agriculture présente, il est vrai, dans les idées que l'on s'efforce d'inculquer à la jeunesse, quelque chose qui la classe à part parmi les occupations qui ont pour but la production : mais remarquons bien que si l'agriculture nous est présentée comme honorable dans nos premières années, ce n'est pas comme industrie et comme moyen d'acquérir l'aisance et la richesse ; ce n'est pas ainsi qu'on l'offre aux jeunes imaginations, comme si l'on craignait de la souiller par ce rapport avec d'autres industries lucratives ; c'est parce qu'elle promet une vie indépendante, parce que l'homme qui l'exerce se rapproche de la nature, parce qu'elle favorise la pratique de toutes les vertus, qu'on l'offre aux jeunes têtes ardentes comme une noble carrière digne de l'homme libre et ami de son pays. Tout cela est très-bien : mais du profit, pas un mot ; et de là vient que les goûts agricoles que contractent souvent les jeunes gens des classes éclairées, s'appuient presque toujours sur des idées qui ne sont nullement propres à leur assurer des succès dans cette carrière. L'agriculture, en effet, est une industrie ; et si l'on veut y réussir, il faut la traiter comme telle, c'est-à-dire, comme une affaire sérieuse dont le profit est le but, et l'intérêt privé le véhicule. Des vues généreuses et philanthropiques ont produit une multitude d'entreprises que l'on ne peut considérer que comme des velléités, et qui n'ont pas été plus profitables au public qu'à leurs auteurs : l'intérêt privé est le seul stimulant qui puisse, dans une carrière obscure et ignorée comme celle-ci, imprimer au cœur de l'homme cette énergie et cette persévérance qui triomphent de tous les obstacles.

Beaucoup de personnes regarderont sans doute l'opinion que j'émets ici, comme entachée d'une espèce de matérialisme qui les affectera d'une manière pénible, parce que le plus grand nombre de mes lecteurs se trouvera certainement sous l'impression des idées qui dominent chez nous dans la société et qui sont le fruit de notre éducation : mais je suis convaincu que l'espèce de défaveur avec laquelle cette opinion sera vraisemblablement accueillie, est elle-même le symptôme le plus caractéristique de cette disposition morale qui s'oppose le plus fortement, en France, aux succès agricoles, dans les classes éclairées de la société.

Dans toutes les carrières, et dans l'agriculture en particulier, on pourra bien voir quelques individus qui, après avoir débuté dans leurs travaux sous l'impression de sentiments généreux et désintéressés, y ont persévéré, en prenant pour direction les intérêts généraux, et en portant tous leurs efforts vers l'avancement de la branche de connaissances à laquelle ils se sont voués : mais si l'on y regarde de près, on trouvera encore au fond de tout ceci cet intérêt privé ou cet amour de soi, dont le cœur de l'homme se dépouille si difficilement. Ordinairement ces individus, favorisés par des circonstances particulières, se seront trouvés entraînés à faire pour eux-mêmes, des services qu'ils rendent au public, la base d'une position qui leur plaît dans le monde et comme une industrie qui leur est spéciale, ou du moins l'objet d'un genre particulier d'ambition : ainsi sans avoir changé de direction, ils se trouvent, presqu'à leur insu et par la force même des choses, ramenés sur la route commune à tous les industriels ; et ces cas particuliers qui, au reste, seront toujours extrêmement rares, ne forment pas même des exceptions à la règle générale d'après laquelle l'intérêt privé est le seul véhicule qui puisse produire des succès durables en agriculture : et ces succès serviront l'intérêt général infiniment mieux que ne pourront jamais le faire des efforts tentés avec des vues philanthropiques et désintéressées, parce que ces derniers n'atteindront presque jamais leur but. C'est principalement parce que notre éducation nous porte beaucoup trop à cette agriculture sentimentale, c'est parce qu'elle tend à détourner les hommes éclairés de la voie industrielle qui conduit aux véritables succès agricoles, que j'ai dit que cette éducation est éminemment nuisible aux progrès de l'art, en excluant, en quelque sorte, de la pratique la classe des hommes qui pourraient y apporter le plus de capitaux et de lumières, ou en les engageant dans une direction qui n'est pas propre à leur assurer des succès.

C'est bien certainement aussi dans les impressions perçues dans notre mode d'éducation, comme je viens de l'indiquer, que l'on doit rechercher la cause d'une contradiction qui a dû frapper chez nous tous les esprits attentifs ; je veux dire celle qui se rencontre entre les paroles et les actions, dans les classes élevées de la société, relativement à tout ce qui touche aux matières agricoles. L'excellence de l'agriculture est proclamée partout ; c'est le premier et le plus utile des arts ; c'est la base la plus solide de la richesse des nations... Dans les salons, à la tribune, ces vérités sont répétées sous toutes les formes : mais lorsqu'il est question de sortir du cercle des idées abstraites, pour entrer sur le terrain de la pratique et du positif, il semble que chacun pense qu'on a fait assez pour l'agriculture en la décorant d'expressions poétiques, et en lui conférant en quelque sorte des titres de noblesse ; peu d'hommes quittent les parquets de leurs hôtels pour aller se livrer à cette vie que l'on proclame si séduisante et si noble, dans les entretiens des cercles de la capitale ; et s'il s'agit de travailler à l'œuvre d'un code rural qu'appellent de leurs vœux les hommes qui s'occupent de la pratique de l'art, les hommes d'état ont cru depuis quarante ans qu'ils avaient assez fait, lorsque dans un discours d'apparat, ils ont montré l'agriculture comme la principale source des richesses publiques et privées. C'est que pour tous, en dépit de la raison et des raisonnements, les impressions de la jeunesse sont toujours les plus fortes ; et pour tous l'agriculture n'est presque que de la poésie.

Quoi qu'on puisse penser de la justesse des considérations que je viens de présenter en exposant les effets de la tendance générale de l'éducation en France, il faudra bien que l'on reconnaisse le fait principal que j'ai voulu signaler; savoir, le peu d'aptitude à obtenir des succès agricoles, qui est la conséquence de ce mode d'éducation. Pour se convaincre de cette vérité, il suffit de regarder autour de soi et d'observer; mais c'est surtout dans les instituts où les jeunes gens viennent puiser des connaissances agricoles, que l'on remarque de la manière la plus frappante les résultats de cette tendance de l'éducation : lorsqu'on y reçoit un jeune homme au sortir du collége ou des universités, ou peu d'années après la terminaison de ses études, on peut être assuré qu'un an ou deux s'écouleront avant qu'il puisse même profiter de l'instruction agricole, parce qu'il ne peut sortir d'un ordre d'idées qui le reporte constamment vers les conceptions de l'intelligence, et qui l'écarte de tout ce qui est matériel et positif : les faits sont devant lui ; il ne les voit pas : ou s'il les voit, il ne sait ni les juger, ni en apprécier les rapports. Le fils d'un industriel, qui n'a jamais fréquenté les colléges, est presque toujours fort en arrière du premier sous le rapport des connaissances générales, mais il s'en distingue toujours d'une manière très-remarquable par son aptitude à observer les faits matériels, à les rapprocher et à en saisir les analogies. Ce dernier fera presque un cultivateur, avant que l'autre ait commencé à comprendre ce qui l'entoure. Si le jeune homme élevé dans les colléges n'est pas tenu ainsi, pendant fort longtemps, en contact continuel et pour ainsi dire forcé avec les faits qui doivent servir de base à son instruction agricole, ce ne sera presque jamais qu'à une période assez avancée dans la vie, et probablement après avoir commis des fautes funestes pour lui, que ses idées commenceront à se mettre en rapport avec l'industrie à laquelle il aura voulu se livrer.

Le temps n'est pas éloigné, sans doute, où les méthodes d'éducation subiront chez nous les modifications que réclame impérieusement l'état de nos sociétés et de nos connaissances : toutes les industries, et l'industrie agricole en particulier, pourront alors compter des hommes instruits, parce que l'instruction qui est destinée à la généralité des hommes éclairés, ne sera plus en contradiction permanente avec l'état des sociétés pour lesquelles l'industrie est le principe de vie le plus actif, et aussi avec les connaissances positives qui doivent faire la base de toutes les industries : mais jusqu'à cette époque, les hommes qui désirent s'adonner à l'agriculture, ne peuvent apporter trop de soin à se dépouiller des idées et de la disposition d'esprit qui sont le résultat de l'éducation publique en France, et je suis convaincu que c'est là que s'est rencontré jusqu'ici un des principaux obstacles aux succès agricoles, parmi les hommes des classes élevées et moyennes de la société.

§ VIII. *L'âge; les occupations antérieures.*

Après avoir parcouru successivement quelques-unes des conditions les plus importantes pour le succès dans les entreprises d'améliorations agricoles, il est bon, je pense, d'examiner aussi l'influence que peut exercer sur le succès la position particulière du chef de l'entreprise, sous le rapport de l'âge, et des occupations auxquelles il s'est livré, ou des habitudes qu'il a contractées avant de s'adonner à la pratique de l'agriculture ; car toutes ces choses modifient les facultés morales d'un individu, de manière à lui donner plus ou moins d'aptitude à parcourir la carrière à laquelle il désire se consacrer.

On voit souvent réussir dans la carrière agricole, des hommes qui n'y sont entrés que dans un âge assez avancé; et l'on peut même dire qu'ils obtiendront des succès bien plus fréquemment que les jeunes gens, toutes les fois que des habitudes antérieures n'y mettront pas obstacle, ou que l'âge n'aura pas affaibli l'énergie et l'activité qui sont indispensables pour mener à bien une entreprise de ce genre. Pour ce qui est de l'esprit des affaires, de la connaissance des hommes, de la prudence, un homme d'un âge mûr possède d'immenses avantages ; et s'il lui manque quelque chose sous le rapport de l'instruction spéciale, il sera ordinairement assez exempt de présomption, pourvu qu'il soit naturellement doué d'une certaine rectitude de jugement, pour ne pas se lancer dans la carrière de manière à s'y compromettre, et pour ne s'y avancer qu'à mesure que ses propres observations et l'instruction qu'il acquerra graduellement, lui offriront un guide qui puisse le diriger sans péril. Il y a, en effet, dans l'âge, ou dans l'habitude de la vie, quelque chose que rien ne saurait complétement remplacer, relativement à cette qualité que l'on appelle la *mesure*, et qui nous apprend, dans chaque circonstance, à discerner le point que nous ne devons pas dépasser. Quelques hommes ne l'acquièrent jamais, mais aucun ne la possède avant d'avoir observé le monde pendant un temps plus ou moins long, suivant les dispositions naturelles de son caractère; car l'expérience peut seule la donner. Les jeunes gens sont en général peu disposés à sentir toute l'importance de cette qualité; et c'est précisément parce que l'expérience leur manque, qu'ils ne savent pas en apprécier l'utilité. Bien rarement un jeune homme sera propre à diriger avec succès une exploitation rurale avant l'âge de trente ans, quelque instruction qu'il possède d'ailleurs; et cette instruction elle-même contribuera souvent à sa chute, parce que la confiance qu'elle lui inspirera dans ses forces l'empêchera de sentir combien l'expérience et la mesure sont nécessaires pour le guider dans l'application des connaissances qu'il a acquises. Je ne veux pas dire que tous les individus puissent, sans de graves inconvénients, se placer, dès l'âge de trente ans, à la tête d'une entreprise; car il en est un grand nombre qui n'acquerront que beaucoup plus tard la maturité nécessaire au succès; cependant on rencontre aussi parfois des jeunes gens qui, dès l'âge de vingt-cinq ans, possèdent en expérience et en aplomb tout ce qui est rigoureusement nécessaire pour ne pas commettre de fautes trop graves dans leurs opérations : mais je ne pense pas qu'on doive jamais donner à un jeune homme auquel on porte intérêt, quelles que soient la maturité et la sagesse de son caractère, le conseil de former avant cet âge une entreprise agricole pour son compte. En travaillant en qualité de régisseur, dans la combinaison que j'ai indiquée dans le paragraphe précédent, un jeune homme pourrait cependant, même avant cet âge, être fort utile à un propriétaire, parce qu'en lui apportant son instruction, il trouverait là un modérateur qui préviendrait les principaux inconvénients de son inexpérience. Je ne puis m'empêcher d'ajouter ici que les jeunes gens qui, par les dispositions de leur caractère, auraient le plus besoin d'attendre un âge mûr pour former une entreprise agricole, sont ordinairement ceux qui sentent le moins ce qui leur manque sous ce rapport, et qui se défient le moins de leur capacité.

Si l'éducation modifie profondément les idées et les dispositions des hommes, les diverses carrières qu'ils parcourent dans la vie sociale tendent aussi à imprimer à l'esprit et aux habitudes une direction favorable ou nuisible aux succès en agriculture; et comme il arrive assez fréquemment que des hommes d'un âge mûr forment le projet de s'adonner à la pratique de cet art, il ne sera pas sans intérêt de rechercher quelle influence peuvent exercer, du moins quelques-unes des principales occupations de la vie, sur les dispositions d'esprit qui peuvent faciliter les succès agricoles, ou qui peuvent faire présager des revers. Je ne m'étendrai pas longuement sur ce sujet; mais ce que j'en dirai sera puisé dans des observations assez nombreuses qui m'ont permis de fixer mon opinion sur ces divers points. On sent toutefois qu'il ne peut y avoir ici rien d'absolu, et que les dispositions naturelles de l'individu, ou d'autres circonstances apporteront de fréquentes exceptions aux données que je crois néanmoins pouvoir présenter comme généralement vraies.

Le commerce est une carrière dans laquelle les hommes acquièrent communément deux qualités bien essentielles aux succès en agriculture : *l'esprit d'ordre* et *l'esprit des affaires;* et si d'anciens négociants ont très-fréquemment échoué dans des entreprises agricoles, je pense que cela est dû principalement à ce qu'il leur manquait l'esprit d'observation, c'est-à-dire, cette disposition que donne l'habitude d'observer les faits matériels, de les comparer entre eux, et d'en tirer des conséquences appliquables à la pratique : un ancien négociant administre presque toujours bien, mais il cultive ordinairement mal, du moins dans ses débuts dans cette carrière.

L'industrie manufacturière se rapproche beaucoup plus de l'art agricole par les moyens qu'elle emploie : l'observation des faits matériels, la connaissance des effets mécaniques, l'art du commandement, c'est-à-dire, l'habitude dans les moyens d'obtenir l'obéissance des ouvriers et la bonne exécution des travaux, tout cela facilite singulièrement les opérations du cultivateur; et comme l'homme qui aura obtenu des succès dans l'industrie manufacturière ne manquera certainement pas non plus de l'esprit des affaires ni de l'esprit d'ordre, je pense qu'il sera bien rare qu'il ne réussisse pas dans la carrière agricole.

L'étude des sciences naturelles familiarise bien les hommes avec l'étude et l'observation des faits; et elle formera une bonne préparation pour la pratique de l'agriculture, lorsqu'un homme ne se sera pas concentré dans ses études, de manière à devenir en quelque sorte étranger aux idées et aux habitudes industrielles.

Il en est à peu près de même de *l'étude des sciences physiques;* mais ici, plus fréquemment encore que pour le naturaliste, l'habitude de tout rapporter à des théories tendra presqu'irrésistiblement à entraîner l'homme dans une route funeste. Dans les sciences, on admet une théorie, parce qu'elle est plausible, c'est-à-dire, parce qu'on y trouve l'explication d'un certain nombre de faits qui s'y rapportent; mais la science agricole est encore trop peu avancée pour qu'on puisse, sans les plus graves inconvénients, travailler ainsi par des déductions et des analogies, du moins sans s'éclairer sans cesse par l'expérience et l'observation des faits : dans les sciences, lorsque l'application de la théorie est en défaut, on attend, pour en créer une autre, que de nouveaux faits soient venus éclairer le point obscur; et il y a peu d'inconvénient à considérer la théorie comme établie, en attendant que de nouveaux faits aient servi à lui en substituer une autre : en agriculture, on se ruine en se laissant conduire par une fausse théorie ou par un principe trop généralisé, et l'on paie souvent fort cher la satisfaction d'obtenir de nouveaux faits. Le savant sera trop souvent disposé à accorder trop de confiance aux théories, tandis que dans l'état actuel de l'art agricole, celui-là seul obtiendra des succès, qui restera collé aux observations de la pratique, et qui mettra une extrême circonspection à généraliser les applications, par le rapprochement des faits qui se présenteront à lui.

Les études mathématiques, lorsqu'elles ont occupé une grande partie de la vie d'un homme, font contracter à l'esprit une habitude qui est peut-être ce que l'on peut rencontrer de plus dangereux dans la pratique de l'agriculture; c'est celle qui dispose le cultivateur à placer trop de confiance dans les principes de la science et dans les résultats obtenus par des chiffres : le mathématicien ne sait pas douter, parce qu'il est habitué à marcher, appuyé sur des certitudes; tandis que pour le cultivateur, le doute doit se présenter à chaque instant, sinon relativement au principe, du moins sur l'application. Un habile cultivateur cherche sans doute à établir ses résultats *à priori* par des calculs; mais il sait bien quel degré de confiance il doit y apporter, et son esprit est toujours disposé à rectifier par l'observation et les résultats de la pratique, des calculs qui l'égareraient bien souvent sans cette perpétuelle défiance; de même qu'un marin expérimenté, naviguant dans des parages dangereux, ne se contente pas de relever fréquemment ses hauteurs, mais marche lentement, et toujours la sonde à la main. Les mathématiques pures ne donnent d'ailleurs à l'homme qui s'y livre aucune habitude d'observer et d'étudier les faits matériels : aussi je pense que les études de ce genre forment la plus mauvaise de toutes les préparations pour le succès dans une entreprise agricole. Quelques personnes frappées de plusieurs faits qui justifient cette observation, ont dit que les mathématiques faussent le jugement : cette idée est elle-même très-erronée; mais il serait plus exact de dire qu'elles font contracter à l'esprit une raideur scientifique qui se concilie mal avec la souplesse qu'exige la pratique de l'art agricole. Je suis certes bien éloigné de proscrire l'étude des sciences, et spécialement des mathématiques, dans l'éducation des jeunes gens qui se destinent à l'agriculture : je pense, au contraire, que cette étude peut leur être fort utile; et lorsque j'ai parlé d'un mathématicien, j'ai voulu désigner l'homme qui, par des études approfondies et par une longue habitude de l'application de cette science, a donné au cours de ses idées une direction qu'il n'est souvent plus en son pouvoir de changer ; et on peut dire, en général, que pour les hommes qui ont fait de l'étude des sciences l'objet principal de leurs occupations, un esprit éminemment observateur, souple et disposé à douter, est une condition particulièrement indispensable pour qu'ils puissent espérer des succès dans la pratique de l'agriculture.

Les travaux *de la magistrature* ou *du barreau* forment assez souvent les précédents des hommes qui veulent se livrer à des occupations agricoles. Pour ceux-ci, le doute de la sagesse entre facilement dans leur esprit, car toute leur vie s'est passée à chercher la vérité entre deux opinions plus ou moins spécieuses ; l'esprit d'ordre et l'esprit des affaires sont communément aussi leur partage : mais ils possèdent rarement l'esprit d'observation des faits ; et l'expérience montre que, hors les cas très-rares d'une disposition individuelle tout à fait spéciale, ces hommes manquent ordinairement d'une qualité bien importante dans celui qui se place à la tête d'une entreprise de ce genre ; presque jamais ils ne possèdent l'art du commandement. Choisir les agents que l'on emploie ; reconnaître leur aptitude pour chaque genre de travaux ou d'occupations ; savoir accorder à chacun le degré de confiance qu'il mérite ; obtenir l'exécution des ordres donnés, sans faiblesse et sans une sévérité outrée ; tout cela constitue une espèce d'art qui ne peut guère être le fruit que d'une assez longue habitude ; et il semble que les travaux de la robe, malgré tous les avantages qu'ils donnent sous le rapport de la connaissance du cœur, ou plutôt, des vices des hommes, constituent une mauvaise préparation pour cette partie de la tâche d'un agriculteur.

Dans *l'état militaire*, au contraire, les hommes sont parfaitement bien placés pour acquérir l'art du commandement : l'esprit d'ordre et la ponctualité dans l'exécution des diverses opérations, forment d'ailleurs un des principaux attributs d'un bon officier, comme d'un habile cultivateur ; et comme, dans cette profession, l'esprit s'habitue à l'observation des détails d'exécution matérielle, qui constituent l'une des branches importantes du service ; comme les militaires sont toujours à portée, dans leurs fréquents voyages, d'observer les pratiques agricoles des différents pays, et de se dépouiller ainsi des préjugés de prédilection pour un système ou pour un autre, il est certain qu'il est bien peu d'occupations dans la vie sociale qui préparent mieux un homme à la pratique de l'agriculture ; et lorsqu'un officier supérieur aura fait preuve de talents dans sa profession, je pense qu'il arrivera bien rarement qu'il ne forme pas ensuite un agriculteur distingué, s'il se détermine à se placer lui-même à la tête de son affaire, et s'il veut se donner la peine d'en étudier et d'en diriger les détails.

CHAPITRE IV.

MARCHE A SUIVRE DANS L'AMÉLIORATION D'UNE EXPLOITATION AGRICOLE.

Après avoir exposé les principales conditions qui peuvent concourir à favoriser le succès d'une entreprise agricole et les obstacles qui s'y opposent le plus communément, il me reste à rechercher par quels moyens un agriculteur commençant peut espérer de vaincre les difficultés et d'éviter les écueils que j'ai signalés.

En parcourant les obstacles et les difficultés de diverses natures auxquels j'ai attribué le plus de gravité, relativement au succès d'une entreprise agricole, on a pu se convaincre qu'à part ceux qui résultent du caractère ou des autres dispositions naturelles de l'individu, ces obstacles résident tous dans la position périlleuse dans laquelle se trouve placé l'homme qui embrasse une profession pour laquelle il ne possède pas de connaissances pratiques suffisantes, ou relativement à laquelle son éducation ou ses occupations antérieures ont fait naître en lui des dispositions peu favorables, qui ne peuvent se modifier que par un exercice plus ou moins long dans la nouvelle carrière qu'il a embrassée. Il est bien certain que c'est là l'écueil contre lequel ont échoué presque tous ceux qui ont marqué par des revers leur marche dans cette route nouvelle pour eux. C'est presque toujours des débuts que dépend le succès dans une entreprise d'agriculture, parce que s'ils ont entraîné des pertes considérables, il n'arrivera presque jamais que l'homme qui les a éprouvées persiste à vouloir utiliser du moins l'expérience qu'il a acquise si chèrement, en supposant même que ces pertes ne l'ont pas placé dans l'impossibilité de chercher une meilleure route. Il serait donc bien important que chacun pût trouver un système de culture, non pas le meilleur possible, mais néanmoins applicable aux circonstances dans lesquelles il se trouve placé, et d'ailleurs simple, d'une exécution facile, exigeant peu d'avances, et par conséquent ne pouvant entraîner que des pertes peu importantes; en s'attachant pendant quelque temps à ce mode de culture, l'homme auquel manquent les connaissances du métier, ce qui est presque toujours le cas ici, pourrait les acquérir sans de grands risques pour lui, pourvu qu'il veuille s'appliquer sérieusement à observer et étudier les faits; en dirigeant ses opérations, il apprendra à connaître sa terre, les hommes auxquels il a affaire, et les diverses circonstances qui doivent le déterminer dans le choix des modifications qu'il lui conviendra d'apporter à sa culture. Et même pour un homme déjà expérimenté dans les pratiques rurales, il est tant de considérations diverses qui doivent influer sur les déterminations qu'il prendra pour l'amélioration de son système agricole, qu'il risque de commettre des fautes fort graves, s'il veut adopter définitivement un plan, avant d'avoir étudié pendant un temps assez long les circonstances spéciales sous l'influence desquelles il doit travailler : ainsi, pour lui aussi, le mode de culture simple et économique dont je viens de parler, serait fort utile comme point de départ et comme moyen de lui permettre d'étudier ces circonstances, sans courir le danger de compromettre par des pertes prématurées le succès des améliorations qu'il médite.

Mais où pourra-t-on trouver pour chaque circonstance ce système de culture économique et simple adapté à la localité?... Il ne faut pour cela ni de grands efforts, ni des recherches savantes. Le système agricole communément usité dans chaque canton, est précisément ce que nous cherchons ici. Il n'est pas le meilleur possible; il est même souvent mauvais, je le veux; mais enfin il est tel qu'on peut le suivre sans se ruiner, et même avec des bénéfices, lorsqu'on s'y prend bien ; les faits le démontrent; car partout les cultivateurs vivent des fruits de leur industrie, et même quelques-uns y trouvent des bénéfices d'une certaine importance. Il est bien certain que, comme je l'ai dit ailleurs dans cet article, il est très-difficile de soutenir la concurrence avec les cultivateurs ordinaires, sans faire mieux qu'eux; aussi je ne proposerais à aucun homme éclairé, de s'attacher pour toujours au système agricole du pays, dans les cantons où l'art est encore peu avancé : mais je suis convaincu que pour faire mieux que les simples cultivateurs, il faut commencer par faire comme eux; car partout le système agricole que l'usage a introduit dans la pratique locale, est, sinon bon, du moins simple, entraînant peu de chances fâcheuses, et certainement le meilleur qu'on puisse choisir pour étudier, sans de grandes chances de perte, soit la pratique de l'art, soit les circonstances spéciales du sol et de la localité. D'ailleurs tout ne sera pas mauvais, sans doute, dans le détail des pratiques diverses dont l'ensemble compose ce système: la routine est aveugle, mais quelquefois en cherchant à tâtons, elle a trouvé le bon chemin dans certaines opérations; et il serait aussi peu rationnel de proscrire un procédé, parce qu'il est celui des routiniers, que d'en condamner un autre d'avance, parce qu'il est inusité dans la localité. Mais ce n'est qu'après avoir appris par l'expérience à reconnaître les avantages ou les inconvénients des diverses pratiques, qu'on pourra prendre une sage détermination pour abandonner, conserver ou modifier chacune d'elles.

Le mode commun de culture offre encore un autre avantage bien important à l'homme qui manque de connaissances pratiques : c'est qu'en l'adoptant il est assuré de trouver autour de lui et des agents habitués à toutes les opérations qu'il exige, et des conseils chez les cultivateurs expérimentés du voisinage; tandis qu'en se lançant, sans des connaissances personnelles suffisantes, dans un système agricole nouveau pour le pays, il se trouvera isolé, abandonné à ses propres forces et obligé de faire lui-même l'apprentissage de tous ses agents, en même temps que le sien propre, et sans pouvoir s'aider des conseils si précieux dans ce cas des hommes qui connaissent mieux que lui la terre à laquelle il s'adresse.

Je n'hésite donc pas à dire que pour l'homme encore novice dans la pratique de l'agriculture, et souvent aussi pour celui qui n'est pas étranger à cet art, le système agricole ordinaire du canton où l'on projette d'introduire une culture perfectionnée, doit former le point de départ et la route à laquelle on doit s'assujettir pendant un temps plus ou moins long. Si l'on veut juger cette assertion par les résultats de l'expérience, et rechercher la marche qui a été suivie par les hommes qui ont obtenu des succès dans la carrière agricole, on trouvera partout des sujets pour cette étude; car il n'est pas de canton où l'on ne puisse trouver un assez grand nombre de propriétaires ou de cultivateurs qui, à dater d'une époque plus ou moins reculée, ont apporté à leurs exploitations des améliorations d'une haute importance, et très-profitables pour eux. Si l'on y regarde de près, si l'on remonte au point d'où ils sont partis, on trouvera presque toujours que c'est en commençant par les procédés ordinaires de tous leurs voisins, en améliorant graduellement mais lentement, tantôt une pratique, tantôt une autre, à mesure que leurs observations leur indiquaient ces améliorations, que c'est, en un mot, par une marche lente et mesurée, qu'ils ont accru progressivement leurs produits et leurs bénéfices. Presque jamais cette manière de procéder n'a manqué d'atteindre son but, à moins qu'il n'y eût dans l'individu quelque chose d'incompatible avec des succès agricoles. Mais si l'on recherche quel a été le résultat des tentatives faites par des hommes jusque-là étrangers aux connaissances du métier, pour entrer de plein saut dans une carrière d'améliorations fort éloignée des pratiques ordinaires du pays, je ne sais si l'on pourra compter un succès pour dix chutes éclatantes.

En supposant qu'un homme qui n'est pas né dans la classe des cultivateurs, veuille entreprendre de diriger une exploitation agricole, s'il veut s'attacher aux principes de sagesse que j'indique ici, il trouvera du moins le moyen d'étudier lui-même, sans de grands risques, ses dispositions personnelles pour la carrière qu'il désire embrasser. En effet, si après quelques années de gestion, il reconnaît qu'il est trop pénible pour lui d'accorder aux détails de son entreprise l'application et l'assiduité qu'ils exigent; s'il s'aperçoit qu'il n'a pu parvenir à se rendre maître de son affaire, en obtenant l'obéissance et la discipline parmi ses subordonnés, en établissant l'ordre et la ponctualité dans les diverses parties du service; s'il n'a pas su, pendant quelques années de travaux, trouver par ses observations sur les circonstances spéciales de son domaine, le moyen d'appliquer avec succès, au moins par des tentatives faites sur une petite échelle, quelques-unes des améliorations qui lui sont indiquées par l'art pris dans un état plus avancé; alors ce qu'il pourra faire de mieux, c'est de renoncer à une carrière à laquelle il n'est certainement pas propre. Mais, dans ce cas, il n'aura pas du moins à déplorer des pertes considérables; car si l'on examine avec attention les sources des pertes possibles dans l'agriculture, on trouvera qu'elles frappent, soit sur le produit annuel, soit sur le capital appliqué à l'exploitation ou aux améliorations : les premières ne peuvent jamais être considérables, puisqu'en supposant qu'un propriétaire reprenne des mains de son fermier un domaine qui lui rapportait une somme déterminée, il sera bien difficile qu'en suivant le même mode de culture que ce fermier, les produits tombent beaucoup au-dessous de ce qu'ils étaient précédemment ; et comme, dans le système agricole de tous les cantons très-arriérés, les dépenses de culture sont très-peu élevées, si l'on en distrait le fermage et l'entretien de la famille du fermier, il est bien clair que le propriétaire, en gagnant le bénéfice, quelque modique qu'il fût, que faisait le fermier, ne pourra guère manquer de trouver dans le produit net à peu près l'équivalent de son fermage, ou, du moins, que la perte ne pourra s'élever bien haut. D'un autre côté, les bestiaux et le matériel étant supposés conformes aux usages de tous les cultivateurs du pays, il ne serait pas difficile de trouver à en réaliser la valeur, qui sera ordinairement bien modique ; ainsi il y aura encore peu de chances de perte considérable sur cet objet. On voit donc qu'au total, si un propriétaire fait valoir pendant quelques années son domaine selon les méthodes ordinaires du pays, les pertes dont il court le risque ne dépassent pas la limite des sacrifices qu'il peut consentir à faire pour acquérir, dans les pratiques du métier, les connaissances qui lui sont indispensables pour s'élever ensuite à des procédés moins imparfaits.

Mais les pertes réellement graves, celles qui compromettent la fortune d'un agriculteur, sont celles qui frappent sur les capitaux, et auxquelles on s'expose toutes les fois qu'on met dehors des sommes considérables, avant d'avoir acquis les connaissances de pratique nécessaires pour en diriger utilement l'emploi. Des achats d'animaux de races précieuses que l'on a perdus, parce qu'ils n'était pas adaptés à la localité ou aux convenances actuelles du domaine; des emplettes d'instruments coûteux, peut-être mauvais en eux-mêmes, ou dont on n'a pas su faire usage, faute de connaissances de pratique ou d'une application personnelle suffisante; des constructions en bâtiments dispendieux, hors de proportion avec l'exploitation, ou mal calculés pour l'usage auquel on les destine; des capitaux enfouis sans ordre et sans discernement pour des améliorations qui n'accroîtront pas la valeur du domaine dans la proportion de la dépense, comme cela arrive presque toujours lorsque ces améliorations sont dirigées par l'homme qui manque d'expérience et de pratique dans l'art agricole; tout cela entraîne pour résultat des pertes dont on ne peut calculer l'étendue, et qui rendent l'apprentissage toujours trop cher et souvent ruineux: tandis que les mêmes capitaux eussent pu fructifier avec profit quelques années plus tard, lorsque le propriétaire aurait acquis, par une expérience suffisante, les connaissances nécessaires pour les employer d'une manière judicieuse.

Si un propriétaire jusque là étranger à la pratique de la culture, se détermine à faire valoir son domaine avec l'intention de procéder aux améliorations avec sagesse et lenteur, et en commençant par suivre les méthodes du canton qu'il habite, son attention devra se diriger, dès le début de l'entreprise, et pendant plusieurs années, sur quelques points fort essentiels, parmi lesquels je crois devoir indiquer ici les plus importants. La production des engrais est sans doute le premier objet qui doit fixer l'attention de l'homme qui songe à une culture améliorée ; car presque partout, c'est le défaut d'engrais qui forme le principal obstacle à toute amélioration. En suivant la méthode agricole du pays, on ne pourra augmenter la masse des engrais que dans des limites très-restreintes ; cependant on pourra mieux placer et mieux soigner les tas de fumier, éviter la perte des urines ainsi que du purin qui s'écoule du tas, recueillir avec plus de soin les substances qui peuvent être ajoutées au fumier, et obtenir, par le seul effet de ces soins, une augmentation d'une certaine importance dans la masse des engrais : mais c'est de l'augmentation dans le nombre des bestiaux, et surtout de l'accroissement dans la quantité des fourrages, que l'on doit seulement attendre de grandes améliorations sous ce rapport. Presque partout il est impossible d'atteindre ce but sans s'écarter de la méthode ordinaire de culture; mais le propriétaire doit prévoir dès le début que c'est vers ce point qu'il devra diriger ses premières améliorations, et faire ses dispositions de manière à l'atteindre avec certitude. En conséquence, il sera convenable qu'il cherche à s'assurer, par des expériences faites sur une très-petite échelle, du degré de réussite qu'il peut espérer de la culture de diverses plantes à fourrage, sur le sol qu'il cultive et sur les différentes natures de terrain qui peuvent le composer. Ces expériences sont très-peu coûteuses, lorsqu'on les borne à la semaille de quelques livres ou même de quelques onces de graines; et en variant le mode de culture et les époques d'ensemencement, on arrivera dans un petit nombre d'années à connaître avec quelque certitude si l'on peut cultiver avec succès, dans chaque espèce de terrain, le trèfle, le sainfoin, la luzerne, les vesces, les betteraves, les pommes de terre, les navets, etc.

On a critiqué si souvent et avec tant de raison les résultats tirés d'expériences agricoles faites en petit, qu'il n'est peut-être pas hors de propos d'entrer dans quelques explications sur ce que je viens de dire. Les ouvrages d'agriculture fourmillent de préceptes tirés d'expériences faites par des hommes étrangers à la pratique de l'art, sur quelques pieds de surface dans un carré de jardin, ou même, dit-on, dans des pots à fleurs sur une fenêtre : ces résultats ont donné lieu aux erreurs les plus graves, et ont quelquefois servi de base à des théories monstrueuses. Il ne pouvait en être autrement, non pas parce que les expériences avaient été faites en petit, mais parce qu'elles avaient été faites dans des conditions différentes de celles de la culture rurale. Mais lorsqu'il est question de résoudre un doute sur la réussite de telle plante dans telle nature de terrain, sur l'efficacité d'une espèce d'engrais déterminée dans le sol auquel on projette de l'appliquer, sur l'effet d'un labour donné à une plus grande profondeur qu'on ne l'a fait jusque là, et sur une multitude d'autres points d'une égale importance pour la pratique d'un cultivateur, on peut certainement obtenir des données extrêmement précieuses, en faisant dans la pièce de terre elle-même des essais sur une très-petite étendue. Il ne s'agit que de réduire à la surface que l'on destine à l'expérience, la quantité de semence ou d'engrais qui serait employée sur un hectare ou sur toute autre étendue de terrain. En employant précisément la semence ou l'engrais dans la même proportion, et en mettant quelque soin à placer le sol d'expérience dans des conditions semblables à celles où il se trouverait dans la culture en grand, les résultats fourniront une mesure assez exacte du succès que l'on peut espérer. Je supposerai, par exemple, que l'on veut s'assurer de la réussite de quelques-unes des plantes à fourrage qui se sèment communément dans une céréale : en mars ou avril, on tracera dans un froment semé sur ce terrain, quelques carrés de deux mètres de côté chacun, et on y répandra des semences de trèfle commun, de trèfle blanc, de ray-grass, etc., en quantité égale à celle qui tombe sur quatre mètres carrés dans une semaille faite en grand; on recouvrira grossièrement la semence comme elle l'est communément par la herse, ou mieux encore, on fera donner un binage au terrain, si l'on projette d'exécuter par la suite cette opération dans des cultures semblables. La réussite de ces plantes indiquera au cultivateur le succès qu'il peut attendre de leur introduction dans les terrains de cette nature, avec autant de certitude que s'il eût fait son expérience sur plusieurs hectares; et en répétant cette expérience pendant quelques années de suite, la certitude sera complète. Si l'on doute du résultat que produirait, dans un terrain donné, un labour profond qui ramènerait à la surface une partie du sous-sol, on peut, pendant qu'on laboure cette pièce de terre à la charrue, faire creuser à la bêche, au fond de chaque raie, une profondeur de huit à dix centimètres, sur une surface de quelques mètres carrés, en jetant la terre par-dessus le labour. Si cette pièce doit recevoir plusieurs labours, c'est toujours au premier que cette opération doit être faite. A la récolte suivante, et même auparavant, on jugera par la vigueur des plantes qui croîtront dans cette partie du champ, de l'effet que l'on doit attendre d'un labour profond sur ce sol. Dans des expériences de ce genre, on doit éviter de les placer près des extrémités ou des bordures des pièces de terre, parce que les conditions y sont souvent différentes de celles de l'intérieur des mêmes champs ; mais en les plaçant à quelques mètres de distance des lisières, et en indiquant avec soin l'emplacement par des mesures que l'on prend sur des points fixes et dont on conserve la note, on pourra en suivre les résultats pendant plusieurs années.

C'est par des expériences semblables ou par d'autres tout aussi simples, qu'on pourra, presque sans dépense, et tout en suivant la méthode de culture ordinaire du pays, jeter les bases des améliorations futures, en s'assurant de la solution d'une multitude de questions qui peuvent s'élever sur les points les plus importants, et en faisant soi-même l'étude pratique des procédés que l'on doit employer, ou du mode de culture qui convient le mieux aux plantes dont on projette l'introduction, dans les circonstances mêmes où l'on pourra les placer en grand ; et si au lieu de quelques mètres carrés, on veut consacrer à ces expériences un demi-hectare ou un hectare de terre, il n'en résultera pas encore une dépense qui puisse entraîner dans des pertes de quelque importance.

Lorsqu'on se sera assuré par des moyens de ce genre, de la production d'un supplément en fourrages, un des points qui doivent attirer la plus sérieuse attention d'un cultivateur, c'est le choix du genre de bétail par lequel il fera consommer ses fourrages, et qui produira aussi le fumier dont il a besoin. Chaque genre de bestiaux peut donner lieu à des spéculations fort diverses : avec le bétail à cornes, on peut, soit faire des élèves, soit produire du lait, et ce dernier peut être vendu en nature, ou être converti en beurre ou en fromage, ou être employé à l'engraissement des veaux ; on peut aussi se livrer à l'engraissement des bœufs ou des vaches : selon les localités, et selon les circonstances particulières d'exploitation, il pourra se présenter des différences énormes entre les résultats de l'une ou de l'autre de ces spéculations. Pour les bêtes à laine, on peut également ou entretenir constamment un troupeau d'une race ou d'une autre, en vendant les produits à un âge plus ou moins avancé; ou le renouveler chaque année, en achetant des agneaux ; ou se livrer à l'engraissement, en conservant chaque lot seulement pendant un temps plus ou moins long. Dans l'élève des chevaux, on voit de même les cultivateurs adopter diverses méthodes, soit qu'ils vendent les poulains très-jeunes, soit qu'au contraire ils en achetent pour les revendre un peu plus tard. Toutes ces combinaisons peuvent présenter des chances de bénéfice très-variées, selon la position particulière de chaque exploitation; mais je pense qu'en général ce n'est que pour un avenir assez éloigné qu'un cultivateur débutant doit s'occuper de faire entre elles un choix définitif. Il est bon qu'il y pense souvent, qu'il recherche avec soin toutes les données qui peuvent l'éclairer sur ce choix; mais pendant plusieurs années, je crois qu'il fera bien de s'attacher à la spéculation qui est considérée comme la plus profitable dans le canton qu'il habite, et qui sera probablement celle qui était en usage dans l'exploitation avant lui. Dès qu'il aura un supplément en fourrage artificiel, il pourra aggrandir le cercle de cette spéculation, en augmentant le nombre de ses bestiaux, ou seulement en nourrissant mieux ceux qu'il entretient; et dans ce dernier cas, il augmentera également la masse de ses fumiers, car cette masse est toujours proportionnelle à la quantité des fourrages consommés, et non pas au nombre des têtes de bestiaux. Il pourra aussi supprimer progressivement l'usage de la pâture, à mesure qu'il obtiendra des fourrages pour nourrir son bétail à l'étable, et il accroîtra par-là, dans une proportion très-considérable, la production du fumier.

Il est bien entendu qu'en s'occupant du soin de créer des prairies artificielles, il ne négligera pas les améliorations souvent très-simples et très-peu coûteuses qu'il peut apporter à ses prairies naturelles ordinairement si négligées; dans beaucoup de cas, quelques fossés pour l'écoulement des eaux stagnantes, et le soin de faire étendre les taupinières pourront déjà les améliorer sensiblement; mais il fera sagement de remettre à une époque où il aura acquis plus d'expérience dans la pratique de l'art, toute amélioration plus importante, mais aussi plus coûteuse, telle qu'établissement d'irrigations, travaux d'art pour le nivellement ou l'assainissement, et autres opérations de cette nature qui, entre les mains de personnes inexpérimentées, ont bien souvent absorbé des capitaux hors de proportion avec les avantages qui pouvaient en résulter.

Quant à l'introduction de races d'animaux meilleures que celles du pays, c'est un point sur lequel je conseillerais la plus sévère circonspection, pendant de longues années, dans les débuts d'une entreprise agricole. En nourrissant mieux les bestiaux du pays, on remarquera preque toujours, dans les races, une amélioration qu'on aurait à peine osé espérer, sous le rapport de la taille, du poids et des produits des animaux ; et dans un très-grand nombre de cas, les améliorations que l'on pourra produire dans les formes, par des croisements judicieux entre les individus de cette même race, seront bien plus assurées et plus solides que celles que l'on croira obtenir par l'introduction de types étrangers. Je ne prétends certes pas, néanmoins, réprouver l'amélioration des races indigènes par des étalons choisis dans d'autres races, ou même l'introduction de races étrangères dans une localité, par l'importation des mâles et des femelles ; mais une multitude de faits démontrent que c'est seulement dans un état déjà avancé de l'amélioration agricole, que ces introductions peuvent être tentées avec succès, et qu'il n'appartient de le faire qu'à des hommes très-versés dans la pratique de l'art, et qui ont bien calculé les chances de réussite et les ressources que leur offre la localité. L'amélioration des races en elles-mêmes, par l'introduction d'un meilleur régime et par des croisements faits avec discernement, présente d'ailleurs presque partout un champ bien vaste et des spéculations très-lucratives.

En même temps qu'on s'occupe du soin d'accroître la masse des fumiers, on doit également porter son attention, dès le début d'une entreprise agricole, vers un autre point bien important, la destruction dans les terres arables des plantes nuisibles qui, partout où la culture a été négligée, les infestent au point de diminuer les récoltes dans une très-grande proportion. Ici se présente une considération qui a joué un rôle bien funeste depuis une trentaine d'années, dans les causes des nombreux revers éprouvés par des personnes qui ont voulu s'occuper d'améliorations agricoles : je veux parler de la proscription absolue des jachères qui a été professée, sans un examen suffisant, par la plupart des hommes qui ont écrit sur les matières agricoles. La jachère peut être supprimée dans beaucoup de cas, cela est incontestable; mais presque jamais il ne convient de le faire avant d'avoir amené le sol à un état satisfaisant de propreté; et dans une multitude de circonstances, c'est-à-dire, dans les terres fortes et argileuses, la jachère doit souvent être considérée, même dans le cours de la meilleure culture, sinon comme indispensable, du moins comme le moyen d'obtenir du sol le produit net le plus élevé, dans les grandes exploitations. On a fréquemment cité le comté de *Norfolk* comme devant sa richesse agricole à un système de culture dans lequel la jachère ne paraît pas. Mais il faut dire aussi que les terres de ce comté sont d'une nature très-sablonneuse, et que dans les *Lothians*, canton argileux, peut-être le plus riche et le mieux cultivé des Iles-Britanniques, non-seulement on fait régulièrement usage de la jachère, mais on considère l'introduction de cette pratique comme une amélioration immense dans l'art de la culture, et comme ayant contribué à accroître dans une très-grande proportion les produits et la valeur des terres. Il en est de même dans une multitude d'autres cantons de l'Angleterre et de l'Ecosse, où l'art de l'agriculture a été porté au point de perfection le plus avancé. Là, de même que dans toutes les parties les mieux cultivées de l'Allemagne, on ne fait plus revenir la jachère tous les deux ou trois ans, dans toute espèce de terre, sans distinction et sans discernement, comme on le fait encore dans beaucoup d'autres localités; mais on la ramène une fois tous les cinq, six, sept ou huit ans, dans les assolements réguliers, calculés suivant la nature du terrain, de manière à entretenir le sol dans un état satisfaisant de propreté ; car il faut bien que tous les cultivateurs le sachent : de tous les moyens de nettoiement du sol, il n'en est aucun de plus efficace et de plus énergique que la jachère, et dans beaucoup de cas, il n'en est pas de plus économique. Que l'on juge d'après cela des résultats que l'on a dû obtenir dans une multitude d'exploitations rurales, où, sans considération de la nature du sol, on a voulu d'emblée supprimer la jachère sur des terrains infestés de plantes nuisibles, souvent de temps immémorial. Avant peu d'années, la diminution graduelle des récoltes et l'impossibilité de pousser plus loin une expérience aussi mal calculée, ont fait justice de ce funeste système. Je pense qu'on doit conseiller à toute personne qui débute dans le projet d'amélioration d'un domaine rural, de forcer la jachère dans les premières années, plutôt que de la restreindre ; c'est-à-dire, d'y soumettre, même hors de leur tour, les terres qui, par leur état de malpropreté excessive, en indiquent le besoin. Dans tous les cas, les jachères devront être très-soignées, tant pour le nombre des labours que pour leur bonne exécution, et c'est certainement là un des points par lesquels il sera bon de commencer à s'éloigner des pratiques vicieuses du pays, en s'écartant des habitudes de négligence que l'on apporte ordinairement à l'exécution des travaux de la jachère, dans les cantons où l'art de la culture est peu avancé.

Dans tous les pays de culture triennale où l'on a introduit le trèfle, on a trouvé commode de le semer dans la seconde céréale, afin qu'il occupe le sol pendant l'année de jachère : c'est ainsi que l'idée de la suppression des jachères se trouve liée, dans l'esprit de beaucoup de personnes, à celle de l'introduction de la culture du trèfle. L'adoption de ce système ne remonte encore, en France, qu'à une époque peu éloignée, et déjà tous les cultivateurs en sentent vivement les inconvénients, quoique les plus éclairés d'entre eux puissent seuls les comprendre. Dans les cantons où la culture des prairies artificielles a pris plus d'extension, et où les jachères ont été par conséquent le plus restreintes, on entend les cultivateurs se plaindre de toutes parts que leurs récoltes de froment diminuent graduellement, tant en quantité qu'en qualité; et nous touchons certainement à l'époque où l'on sentira, dans ces cantons, la nécessité de recourir à une combinaison plus judicieuse de la culture des prairies artificielles avec la pratique de la jachère, partout où la nature du sol rend convenable l'emploi de cette dernière. Dans les premières années d'une entreprise agricole où l'on ne veut pas encore s'écarter du système général de culture suivi dans le pays, on se verra forcé quelquefois de placer ainsi le trèfle dans les pièces de terres qui devaient être soumises à la jachère, à moins qu'on ne se décide à faire le sacrifice de la céréale de printemps, en semant le trèfle dans le froment ou le seigle qui suit la jachère, ce qui présente bien certainement la combinaison la plus favorable à la réussite du trèfle. Mais si l'on ne veut pas sacrifier cette récolte, et que l'on mette le trèfle à la place de la jachère, on ne doit jamais recourir à ce moyen que comme culture transitoire, sur de petits espaces, et dans les parties les plus propres de la sole. Presque toujours une jachère énergique sera nécessaire pour rétablir dans un état de propreté suffisant le terrain que l'on aura traité ainsi; et cette méthode ne peut comporter que très-peu d'extension dans la culture du trèfle, si l'on ne veut pas reculer à une époque fort éloignée le nettoiement complet des terres.

Lorsqu'un propriétaire s'est assuré, par les moyens que je viens d'indiquer, l'accroissement de la masse de ses fumiers par l'augmentation du fourrage et du bétail; s'il s'est aussi livré, pendant quelques années, à des expériences en petit sur le succès qu'il peut attendre, dans les diverses natures de terre qui composent son domaine, de quelques autres récoltes dont la culture peut lui offrir des avantages dans la localité, comme les plantes oléagineuses les plus communes, les racines destinées à la nourriture du bétail, etc., il sera alors en mesure de se créer un assolement, c'est-à-dire, de combiner l'ordre dans lequel il doit placer alternativement les récoltes des céréales ou autres destinées à la vente, et celles dont il a besoin pour nourrir le nombre de têtes de bétail nécessaire pour lui fournir la quantité de fumier que réclame cet assolement. C'est une chose fort grave que le choix d'un assolement, car de toutes les combinaisons qui se présentent dans les opérations d'exploitation rurale, c'est certainement celle qui exercera par la suite le plus d'influence sur les succès que l'on y obtiendra. Un bon assolement doit présenter plusieurs conditions souvent difficiles à réunir : 1° il ne doit comprendre que des plantes qui se plaisent dans le sol auquel il est destiné, car s'il est possible d'obtenir d'une plante des récoltes passables, dans un terrain qui ne lui convient pas, il est bien certain qu'il n'y a jamais de profit à forcer la nature ; et les cultivateurs ne peuvent trop s'attacher à étudier les goûts de leurs terres et à s'y conformer ; 2° les plantes doivent y être placées dans un ordre de succession tel, que chacune d'elles ne revienne pas sur le terrain plus souvent qu'il ne convient à sa nature ; qu'elles se servent mutuellement de préparation, ou du moins qu'elles se nuisent réciproquement le moins possible ; et que l'on ait, avant chaque semaille ou plantation, un espace de temps suffisant pour donner les cultures nécessaires, selon la saison et la nature du sol ; 3° il faut que l'assolement suffise à la production du fumier qu'il doit consommer, en accroissant constamment la fertilité du terrain au lieu de l'épuiser ; il faut donc qu'il produise dans de certaines proportions les fourrages et les pailles qui sont la matière première du fumier ; 4° l'assolement doit enfin être calculé de manière à entretenir la propreté du sol, par une combinaison judicieuse de la jachère ou des récoltes sarclées qui la remplacent jusqu'à un certain point, avec les récoltes qui tendent à favoriser la multiplication des plantes nuisibles.

C'est par la combinaison de ces diverses conditions que l'on obtiendra, dans un terrain donné, à l'aide d'un assolement qui lui convient, le produit net le plus élevé possible ; mais on conçoit facilement qu'on ne doit espérer d'arriver à trouver cette combinaison, qu'au moyen de connaissances pratiques assez étendues, et d'observations faites sur le terrain même, pendant un espace de temps plus ou moins long. Lorsqu'un homme doué de quelque esprit d'observation aura cultivé un domaine pendant quelques années, lorsqu'il sera fixé aussi sur le genre de spéculation qu'il doit adopter relativement à son bétail, s'il s'est attaché à observer et à étudier toutes les circonstances qui peuvent l'éclairer sur ces divers points, son assolement se créera presque de lui-même, car il en a tous les éléments sous la main et il ne s'agit plus que de les réunir et de les coordonner : mais toutes les fois que l'on crée un assolement *à priori* pour une exploitation dont on ne connaît pas parfaitement toutes les circonstances, ou lorsqu'on adopte de confiance un de ces assolements que les livres nous présentent comme des mors à tous chevaux, on doit s'attendre, ou à s'engager dans une fausse route où l'on s'embourbera, ou à être forcé à changer promptement de chemin. Un praticien expérimenté trouvera ordinairement quelque moyen de sortir d'embarras, parce qu'il reconnaîtra promptement le terrain sur lequel il marche, et l'art lui fournira des ressources pour prendre une autre direction, sans éprouver trop de perte : mais pour un agriculteur débutant, quelques années consumées dans des efforts infructueux pour trouver des bénéfices dans un assolement vicieux par ses bases, suffiront souvent pour consommer sa ruine, ou du moins pour le dégoûter à jamais de toute amélioration agricole. Je pense donc que pour tout homme qui n'est pas très-versé dans la pratique de l'art, l'adoption d'un nouvel assolement est une chose à laquelle il faut songer souvent, mais à laquelle on ne doit se décider que très-tard, et lorsqu'on voit bien clairement, d'après les données tirées de l'expérience, tous les détails des circonstances si variées qui s'y rapportent.

S'il est question de mettre en culture des landes ou d'autres terres en friche, il faut encore ajourner à une époque plus éloignée le choix d'un assolement ; car avant de se livrer à la série d'observations que je viens d'indiquer, on devra, si l'on ne veut pas exposer des capitaux importants à des chances très-défavorables, rechercher par des expériences faites sur une petite échelle, les moyens qu'il conviendra d'employer pour mettre le sol en culture, et le degré de fertilité que l'on pourra espérer de ce sol après l'emploi de ces divers moyens : de simples labours répétés plus ou moins fréquemment et dans des saisons variées, le défoncement soit à bras d'hommes, soit au moyen de charrues destinées à cet usage, l'écobuage, l'emploi de la chaux ou de la marne à diverses proportions, sont autant de moyens dont la dépense est extrêmement variée, et dont les résultats peuvent être très-divers, selon qu'on les applique à tel ou tel sol, dans telle ou telle situation. Il est donc indispensable qu'avant d'exécuter l'une ou l'autre de ces opérations, un propriétaire ait pu fixer son opinion sur ces divers points par des expériences précises ; et quelques années se seront bientôt passées dans le cours de ces recherches. Une entreprise de ce genre est donc une affaire de longue haleine, et rien n'est plus dangereux que l'impatience avec laquelle on veut souvent en brusquer la solution.

L'introduction de la culture de plantes nouvelles demande aussi de longues expériences faites en petit, pour en apprécier les avantages, et pour fixer la place qu'elles pourront occuper dans l'assolement. Lorsqu'il est question de plantes cultivées déjà depuis longtemps dans d'autres localités sur une grande échelle, la moitié de la besogne est faite, car il ne s'agit plus ordinairement que de rechercher jusqu'à quel point le sol qu'on leur destine peut leur convenir, et le mode de culture qui peut le mieux y assurer leur réussite ; mais pour les plantes qui n'ont pas encore été soumises, et depuis longtemps, à la grande culture, malgré la prédilection qui porte ordinairement les agriculteurs commençants à se livrer aux essais de ce genre, et malgré les éloges que prodiguent si souvent les publications agricoles à telle ou telle récolte nouvelle, je dois dire qu'il est prudent de ne s'y livrer qu'avec beaucoup de circonspection, et d'essayer pendant longtemps leur culture sur de petites étendues, avant de les admettre en grand; car bien souvent des inconvénients que l'on n'avait pas aperçus d'abord viennent restreindre, ou peut-être réduire à rien les avantages qu'on avait cru y trouver dans les premiers essais. Sans doute il nous reste d'importantes conquêtes à faire parmi les plantes étrangères ou indigènes qu'il est possible d'approprier à la culture; mais si l'on jette les yeux sur le nombre effrayant de plantes nouvelles qui ont été prônées dans les livres, seulement depuis vingt ans, et qui n'ont pu s'établir dans les champs, parce qu'elles ne méritaient pas de paraître à côté des espèces analogues auxquelles on prétendait les substituer, on sentira facilement qu'il faut marcher avec beaucoup de réserve dans cette voie, et que dans le début d'une entreprise agricole, ce sont là des expériences qu'il faut laisser à d'autres le soin de tenter.

L'adoption des instruments perfectionnés d'agriculture semble, au premier aperçu, du nombre de ces améliorations qui sont à la portée de tout le monde, et dans lesquelles on peut réussir partout, dès le début d'une entreprise agricole. Cependant il est bien certain que c'est par des tentatives prématurées de ce genre que beaucoup de personnes en ont compromis le succès dans leurs exploitations et quelquefois aussi dans le voisinage. Pour l'adoption des instruments nouveaux, bien plus que pour tout autre genre d'améliorations, le concours de la volonté des employés inférieurs ou des valets de ferme est indispensable pour qu'un nouvel instrument, quelqu'utile qu'on le suppose, puisse s'introduire avec succès dans une exploitation rurale : pour obtenir ce concours, il faut que le maître inspire de la confiance à ses valets, je veux dire de la confiance comme cultivateur, et surtout comme possédant les connaissances du métier, car c'est là ce qui constitue toute l'agriculture, aux yeux des hommes de cette classe. Communément le propriétaire qui entreprend d'exploiter son domaine, en changeant les méthodes du pays, ne place guère de confiance dans les idées de ses valets ; mais ceux-ci, dans ce cas, en placent encore bien moins dans les connaissances de pratique du maître ; et il résulte de cette défiance réciproque la situation la moins favorable possible pour l'introduction de nouveaux instruments. A l'égard des valets, de même qu'à l'égard des hommes de toutes les classes, la confiance ne peut se commander, et il n'est qu'un moyen de l'obtenir, c'est de la mériter. Aussitôt que le propriétaire aura réellement acquis de l'expérience dans les diverses pratiques de la culture, et qu'il possédera une connaissance approfondie des propriétés et des exigences de ses terres ; lorsqu'il connaîtra bien la marche et l'emploi des instruments que l'on y applique tous les jours ; lorsqu'il sera en état d'apprécier par ses propres observations leurs qualités ou leurs défauts, les avantages ou les vices des cultures qu'ils exécutent, alors ses valets commenceront à juger qu'il est cultivateur ; et il trouvera dans les essais qu'il pourra tenter pour introduire de nouveaux instruments, non-seulement des bases bien plus sûres pour asseoir lui-même un jugement sur les effets qu'il en obtiendra, et pour s'affranchir à cet égard de la dépendance de ses gens, mais aussi bien moins de résistance de leur part, et plus de disposition à rechercher de bonne foi, avec lui, les avantages que l'on peut se promettre de l'emploi de ces instruments. S'il a réussi dans ses premières tentatives, ou du moins si ses valets l'ont vu juger avec discernement et en praticien les instruments qu'il a essayés, on peut être assuré qu'il lui sera facile d'obtenir une coopération franche et bienveillante, dans les tentatives du même genre qu'il pourra faire ensuite. Partout les valets savent très-bien apprécier un bon labour exécuté par une charrue nouvelle, ou l'économie de temps et de travail qui résulte de l'emploi du scarificateur et de la houe à cheval; et on les verra s'enthousiasmer à la vue d'une raie de charrue bien ouverte et bien vidée, dans les cantons où la charrue du pays ne fait qu'écorcher la terre: mais ils n'ouvriront certainement cette raie avec le nouvel instrument qu'après des tâtonnements dans lesquels il faut qu'ils soient aidés par autre chose que par des ordres impératifs; il faut bien que les préventions qui leur sont naturelles soient contrebalancées par quelques motifs de confiance. Je ne crains pas d'affirmer que dans le nombre des mécomptes que beaucoup de propriétaires ont éprouvés dans des essais d'introduction d'instruments perfectionnés d'agriculture, la cause principale se trouve dans ce défaut de confiance des valets, occasionné par l'absence des connaissances de pratique dans le maître. Il est donc sage de s'efforcer d'acquérir ces connaissances, avant de se livrer à des tentatives de ce genre, à moins qu'on n'ait sous la main un homme dans lequel on est bien assuré de trouver en même temps que des connaissances de pratique, une coopération franche et le désir sincère d'obtenir la réussite des instruments que l'on veut introduire.

La construction de nouveaux bâtiments d'exploitation, est encore un objet pour lequel il sera toujours prudent de retarder l'exécution des projets que l'on peut concevoir, jusqu'à ce que les idées soient bien arrêtées sur le genre de bétail que l'on adoptera définitivement, et sur le mode de culture auquel sera soumise l'exploitation; car ce sont là des choses qui doivent exercer beaucoup d'influence sur l'étendue et la disposition des bâtiments de la ferme. Il est indispensable d'ailleurs, pour bien ordonner ces bâtiments, que l'on ait une connaissance exacte de toutes les opérations qui doivent s'exécuter dans l'intérieur de la ferme, soit sur les produits des récoltes, soit relativement à l'entretien du bétail, ou, en d'autres mots, il est indispensable que l'on soit déjà praticien expérimenté; sans cela, on risque de commettre dans les constructions rurales des fautes que l'on déplorera amèrement ensuite. Fort souvent, ce retard dans l'exécution des nouvelles constructions rurales, formera une des circonstances qui gêneront le plus dans les débuts d'une entreprise agricole, parce que les anciens bâtiments seront insuffisants, ou disposés d'une manière incommode pour le service et insalubre pour le bétail. Chacun devra, dans ce cas, tirer le meilleur parti possible de ce qui existe, ou n'appliquer que les dépenses strictement nécessaires aux changements les plus indispensables, surtout lorsqu'on prévoira qu'un peu plus tard il faudra bien finir par faire construire un ensemble de bâtiments neufs de quelque importance; car il est presque toujours fort difficile de raccorder convenablement à un nouveau plan toutes ces constructions anciennes ou anticipées, et on ne devra arrêter définitivement ce plan, que lorsqu'on croira avoir fixé irrévocablement ses idées sur le système agricole que l'on devra adopter, c'est-à-dire, dans un avenir assez éloigné. En attendant, si l'on s'attache à suivre le mode de culture ordinaire du pays, du moins avec peu de variations, comme j'ai conseillé de le faire, on trouvera, à l'aide d'un peu d'esprit de ressources, le moyen de s'accommoder des constructions anciennes. Procéder autrement, ou débuter par se livrer à des constructions coûteuses, avant d'avoir par devers soi une assez longue expérience pratique, c'est s'exposer à enfouir en pure perte des capitaux considérables.

Dans tout ce que je viens de dire relativement à la lenteur avec laquelle il est indispensable de procéder dans toutes les améliorations agricoles, on conçoit bien qu'il y aura fréquemment des modifications à apporter selon les circonstances et les individus : par exemple si l'homme qui veut s'y livrer possède une fortune telle qu'il puisse considérer comme de peu d'importance la perte d'une partie notable des capitaux qu'il consacre à l'amélioration, et s'il est bien assuré que les pertes qu'il pourra éprouver ne le dégoûteront pas dès son début, il pourra sans doute faire marcher l'amélioration plus rapidement qu'un autre : mais pour celui qui se trouve dans cette position de fortune où le domaine qu'il veut exploiter et le capital qu'il a le projet d'appliquer à l'améliorer, forment une partie importante de son avoir, les résultats les plus funestes seront presque toujours la suite de l'empressement avec lequel il voudrait précipiter la marche de cette amélioration ; et pour tous les cas et toutes les situations, rien n'est plus important que de se pénétrer de l'idée qu'il faut faire entrer le temps, et même un temps assez long, comme un des principaux éléments de succès, dans une entreprise d'améliorations agricoles. En vain on abrège d'avance ce temps par les calculs les plus séduisants : l'inexorable vérité vient toujours réduire ces calculs à leur valeur réelle.

C'est surtout aux jeunes gens qui sortent des écoles d'agriculture qu'il me semble important de faire entendre ce langage, parce qu'ils sont en général disposés, soit par la tendance de l'âge, soit par des exhortations quelquefois sincères de personnes entièrement étrangères à la pratique de l'agriculture, à placer trop de confiance dans les connaissances qu'ils ont acquises dans le cours de leur instruction agricole. Sans doute si leur instruction a été bien dirigée, ces connaissances leur seront très-utiles et abrègeront beaucoup le temps qui leur sera nécessaire pour devenir de véritables agriculteurs ; mais c'est à condition qu'ils débuteront avec sagesse et qu'ils attendront que l'expérience, que rien ne peut remplacer, leur ait appris à juger leur situation, et à appliquer, selon l'exigence des cas, les connaissances qu'ils ont recueillies. Sous ce rapport, on peut établir une similitude frappante de vérité entre l'instruction médicale et l'instruction agricole : ces deux arts sont fondés sur l'observation des faits, et dans l'un comme dans l'autre, il est question d'exercer sur des êtres organisés une action dont les principes sont soumis à des règles que l'on peut bien enseigner, mais dont l'application doit varier d'après une multitude de circonstances que le praticien seul peut apprécier. Un jeune homme termine ses cours : après avoir fait de bonnes études médicales, le voilà docteur..., mais ensuite, il faut qu'il devienne médecin ; et pour cela, un nouveau travail l'attend : c'est l'étude des applications ; et il y sera dirigé par l'observation des faits qui se présenteront dans la pratique. Il en est entièrement de même du jeune agriculteur; et rien ne serait plus funeste pour lui que de se persuader que parce qu'il s'est livré à l'étude avec zèle pendant quelques années, même à côté d'une exploitation rurale où il a pu observer un grand nombre de faits, il sera d'emblée un habile agriculteur. Une seule chose peut faire le praticien, c'est la pratique; et il est indispensable qu'un jeune homme se soit livré lui-même pendant un temps plus ou moins long, selon ses facultés morales et intellectuelles, à l'application des connaissances qu'il a acquises, avant qu'il puisse se croire en état de prendre une sage détermination sur une multitude de questions qui se présentent à lui, dans les débuts d'une entreprise où l'on s'est proposé de refondre le système agricole suivi dans un domaine. Dans une telle position, le mode de culture ordinaire du pays lui offre presque toujours la base la plus solide sur laquelle il puisse appuyer ses premières opérations, et le moyen de se livrer avec le moins de chances défavorables qu'il est possible, aux études d'application et aux observations de pratique qui lui indiqueront les modifications qu'il pourra successivement apporter à ce système.

Il est facile de sentir que la marche que je conseille de suivre, dans toutes les entreprises d'améliorations agricoles, convient bien mieux à un propriétaire qu'à un fermier. Tous les fermiers qui comprennent bien leur situation, savent qu'il est pour eux de la plus haute importance de rapprocher autant qu'il est possible le terme où le domaine qu'ils exploitent sera porté au produit le plus élevé qu'ils puissent en espérer, car ce n'est que dès ce moment qu'ils seront en pleine jouissance des bénéfices auxquels ils ont droit de prétendre, et qu'ils ne peuvent recueillir que pendant un temps fort limité, dans la supposition même d'un bail de vingt années. Il faut donc que le fermier s'attache à mettre dehors son capital et à déployer tous ses moyens d'action, dans l'espace de temps le plus court possible : chaque année de retard diminue dans une très-grande proportion la masse des bénéfices qu'il peut espérer dans le cours de son bail: mais cette marche suppose que, dès son entrée en jouissance, son opinion est parfaitement fixée sur les améliorations qu'il peut apporter à la culture du domaine, et qu'il peut ainsi prévoir avec certitude l'époque à laquelle il entrera en jouissance du résultat de ces améliorations. Il en est ordinairement ainsi pour un domaine déjà en bon état de culture, dans lequel il n'est question que d'introduire des améliorations de détail dont il est facile d'apprécier d'avance les résultats, parce qu'elles sont déjà connues et pratiquées dans la culture du pays et dans des situations analogues. Un cultivateur, en prenant à ferme un domaine situé dans le voisinage du lieu où il a jusque-là exercé sa profession, dans une localité et dans des circonstances sur lesquelles il possède ordinairement depuis longtemps, au moins des notions assez précises, peut très-bien juger d'avance des applications qu'il pourra faire, dans sa nouvelle position, des améliorations dont il connaît les procédés et les résultats par l'usage qu'il en a fait lui même, ou du moins par l'expérience acquise par des voisins placés dans les mêmes circonstances. Rien ne s'oppose alors pour lui à l'exécution prompte et énergique du plan d'amélioration qu'il a conçu.

Mais lorsqu'il est question d'un domaine jusque-là

très-négligé et souvent en partie inculte, situé dans un canton peu avancé dans les idées de progrès agricole, et où l'utilité de telle ou telle pratique n'a pas encore été sanctionnée par une expérience assez longue et généralisée jusqu'à un certain point, le fermier qui veut apporter avec lui d'importantes améliorations, se trouve placé là dans une position très-périlleuse : s'il veut adopter la voie des améliorations lentes et progressives, il aura calculé, je suppose, qu'un espace de cinq ou six années lui est nécessaire pour amener le domaine à un état de fertilité qui lui permette d'espérer des bénéfices de son entreprise ; mais les prévisions de ce genre trompent bien souvent un cultivateur, même en le supposant un homme habile, parce que, se frayant une route nouvelle, il lui est impossible de prévoir avec certitude les obstacles qu'il rencontrera, les moyens qu'il lui conviendra d'employer, et les chances de succès que lui offre chacun d'eux : dix ans, quinze ans peut-être lui seront nécessaires pour arriver au point de développement progressif qu'il a eu en vue ; et l'espace de temps que son bail lui laisse encore sera trop court pour qu'il puisse retirer non pas des bénéfices, mais seulement le capital engagé dans les améliorations. Le domaine aura reçu un accroissement considérable de valeur, le propriétaire aura trouvé son compte à ce bail, mais le fermier sera loin d'y avoir trouvé le sien. Si, au contraire, au lieu de procéder avec lenteur aux améliorations, le fermier veut les brusquer, afin de se réserver un espace de temps suffisant pour recueillir le fruit de ses avances, le péril est encore bien plus imminent pour lui, comme je l'ai fait voir dans ce qui précède, et les chances les plus probables dans ce cas sont la ruine plus ou moins prompte du fermier. On voit que quelque marche qu'il suive, un fermier ne peut, à moins de circonstances spéciales et en dehors des données que l'on rencontre le plus fréquemment, espérer de faire une spéculation lucrative pour lui, de l'amélioration d'un domaine dont la culture a été jusque-là très-négligée, et où il lui sera nécessaire d'introduire un système agricole essentiellement différent de celui qui est en usage dans le pays. Le mode de jouissance par baux à ferme ne comporte que des améliorations lentes dans les pratiques agricoles d'un pays considéré en général, parce que chaque individu ne peut, dans ses intérêts, entreprendre que des améliorations très-limitées, et qui ne s'écartent que très-peu des pratiques ordinaires du pays. Cette vérité est parfaitement conforme à l'observation des faits, et si l'on peut citer un très-petit nombre d'exemples de succès remarquables obtenus par des fermiers, en se livrant à des améliorations plus vastes et plus radicales, on rencontre aussi une multitude de faits qui démontrent à quelles chances périlleuses de revers s'expose un fermier qui tente cette voie.

Pour le propriétaire qui veut se livrer lui-même à l'amélioration de son domaine, les éléments du calcul sont entièrement différents : pour lui le succès n'est plus une question de temps, parce qu'il n'est pas limité par un terme dans sa jouissance. S'il travaille avec sagesse, et s'il suit une marche lente et judicieuse, il trouvera un peu plus tôt ou un peu plus tard ses bénéfices comme exploitant, et, comme propriétaire, l'accroissement de valeur du fond qui sera le résultat de ses améliorations.

Les propriétaires de domaines ruraux dans les cantons très-arriérés en fait de progrès agricoles, et spécialement dans la majeure partie des départements du centre, de l'ouest et du midi de la France, ne doivent donc se faire aucune illusion sur la possibilité d'arriver promptement à des améliorations de quelque importance, par la voie des fermiers ; et les plaintes que l'on entend fréquemment former à ce sujet contre les cultivateurs qui exploitent des baux à ferme, sont injustes, parce que la disposition des fermiers à ne pas s'aventurer dans des voies nouvelles, leur est tracée par la nature même de leur contrat, en supposant même qu'ils jouissent en vertu de baux d'une assez longue durée, et qu'ils possèdent en connaissances et en capitaux ce qui leur serait nécessaire pour se livrer à de grandes améliorations. Que sera-ce si nous considérons les fermiers dans la position où ils sont presque toujours, c'est-à-dire, privés des principaux moyens d'action, et avec des baux de neuf ans au plus ?... Ainsi c'est en eux-mêmes que les propriétaires doivent, dans ce cas, chercher les moyens d'amélioration ; et c'est dans l'énergie de leur volonté et en se plaçant eux-mêmes à la tête des entreprises agricoles, plutôt qu'en faisant de l'agriculture d'amateur, pour stimuler une imitation qui n'est pas possible pour leurs fermiers dans l'état actuel des choses, qu'ils doivent poursuivre le projet de l'introduction d'un système de culture dont ils doivent seuls retirer les fruits. Heureusement dans les parties de la France que je viens de citer, un nombre considérable de grands propriétaires habitent encore leurs domaines ; et, en général, ils sont aujourd'hui fort éclairés, du moins sur le but auquel ils auraient tant d'intérêt d'atteindre. L'élan ne manque pas parmi eux ; et si les entreprises sont conduites avec sagesse, et avec cette marche lente qui peut seule en assurer le succès, on peut espérer que cette partie si belle et si fertile de la France viendra graduellement se placer, sous le rapport de la richesse générale du pays, au rang que lui assignent les immenses ressources de son territoire. Lorsque l'amélioration agricole y sera complète, ou du moins lorsqu'elle sera parvenue à un degré un peu avancé, le système de fermage s'y établira certainement, au profit des propriétaires et des fermiers, comme il l'est dans ceux de nos départements où l'art agricole a fait le plus de progrès : mais jusqu'à cette époque, c'est sur leurs propres efforts que les propriétaires doivent uniquement fonder l'espoir d'une amélioration importante dans la valeur et les revenus de leurs domaines.

CONCLUSION.

En examinant, dans les premiers chapitres de ce mémoire, les conditions les plus importantes pour le succès dans une entreprise agricole, et en recherchant l'influence que peuvent exercer ici les diverses dispositions naturelles ou acquises, relativement à chaque individu, j'aurai peut-être réussi à signaler les principaux obstacles qui s'opposent généralement au succès dans une entreprise de cette nature : on y aura trouvé, je pense, l'explication de bien des revers dont cette route a été semée; et l'on a pu voir combien il serait injuste de conclure de ces revers, que l'on doit s'abstenir de toute innovation dans les pratiques agricoles d'un canton : mais on a pu juger aussi combien sont graves et variées les difficultés que l'on doit s'attendre à rencontrer dans cette carrière; et s'il arrivait que ce que j'en ai dit pût détourner quelques personnes du désir de la parcourir, je pense que cet effet serait utile; car ce qui importe avant tout, pour les progrès ultérieurs de l'art agricole, c'est que les hommes qui veulent s'y livrer y apportent du moins de grandes chances de succès, puisque c'est des succès individuels que naissent les progrès de l'art.

On tirera aussi, je l'espère, des considérations que j'ai exposées, cette conséquence, qu'il n'appartient d'améliorer les pratiques agricoles d'un pays, qu'à ceux qui les connaissent à fond, c'est-à-dire, qui les ont étudiées par la voie d'une expérience personnelle suffisante; et que si l'homme qui ne possède pas les connaissances de pratique ou les dispositions personnelles nécessaires pour cultiver la terre avec quelque chance de réussite, selon le système agricole du canton qu'il habite, prétend obtenir des succès, en y introduisant l'usage de méthodes différentes, il arrivera presque toujours, ou que ces méthodes seront mal choisies pour la localité, ou que l'application en sera mal faite et les procédés mal exécutés : il ne pourra espérer d'exercer aucune action morale ni sur les cultivateurs qui l'entourent, ni sur les agents mêmes qu'il emploie; il compromettra gravement les capitaux qu'il consacrera à cette entreprise, et à peine se réservera-t-il une chance de succès contre dix de revers. Mais je ne crains pas d'affirmer que pour tout homme éclairé, doué d'un jugement sain et d'un certain esprit d'observation, et qui voudra y mettre l'application convenable, rien ne sera plus facile que d'acquérir, dans l'espace d'un petit nombre d'années, sur les méthodes agricoles du pays où il se trouvera placé, des connaissances de pratique qui le mettront, sous ce rapport, beaucoup au-dessus des neuf dixièmes des cultivateurs praticiens : alors il pourra, avec des chances presque certaines de réussite, s'élever, en suivant la marche que j'ai indiquée dans le dernier chapitre, à l'introduction de pratiques nouvelles, et améliorer le système agricole du pays, par l'influence de l'exemple tiré de ses propres succès. La réussite dans une entreprise agricole vaut bien, par l'importance de ses effets sur la fortune de celui qui s'y livre, que l'on prenne la peine de consacrer quelques années à acquérir l'expérience et les connaissances nécessaires pour ne pas la compromettre. Mais on conclura aussi, je l'espère, de mes observations, que c'est dans la classe des propriétaires beaucoup plus que dans celle des fermiers, que l'on peut espérer de voir éclore, dans cette carrière, des succès qui apporteront graduellement un accroissement très-considérable de valeur foncière et de revenu, dans celles de nos provinces qui sont restées jusqu'ici en arrière du mouvement d'amélioration agricole.

DE L'ADMINISTRATION DU PERSONNEL DANS UNE EXPLOITATION RURALE.

Dans toutes les localités, on entend un grand nombre des hommes qui se livrent à l'agriculture se plaindre de l'immoralité, de la paresse et de l'insouciance, souvent de la mauvaise volonté des agents dont ils sont forcés de se servir. Cependant, que l'on remarque bien que partout aussi on rencontre quelques cultivateurs qui sont bien servis, et qui conservent pendant longtemps les mêmes valets. Cette observation devrait, du moins, faire présumer à ceux qui font entendre ces plaintes, qu'il y a dans leur intérieur, de même que chez beaucoup de leurs confrères, quelques circonstances qui exercent une fâcheuse influence sur la conduite des individus qui composent le personnel de leurs exploitations, et sur la moralité et les habitudes d'une partie considérable de la classe des valets de ferme. Pour l'observateur qui y apporte quelque attention, il n'est pas difficile de reconnaître les causes d'un vice dont les résultats sont extrêmement fâcheux. Je vais indiquer les moyens par lesquels chacun peut, dans la sphère de ses opérations, contribuer à améliorer les habitudes des hommes de cette classe, en se procurant à lui-même des agents fidèles et dociles, souvent même dévoués à ses intérêts. C'est dans les observations que j'ai été à portée de faire chez un grand nombre de cultivateurs, autant que dans ma propre expérience, que je puiserai les conseils que je vais donner aux chefs d'exploitations rurales, grandes ou petites.

Bien choisir ses serviteurs et les traiter convenablement, sont les moyens de les conserver pendant longtemps, et l'on ne peut compter sur de bons services que de la part de ceux qui se plaisent dans leur position, et qui n'éprouvent pas le désir d'en changer. Je sais bien qu'à en croire quelques personnes, il n'est pas possible de faire un bon choix dans cette classe ; mais c'est là se tromper étrangement, quelque pays, quelque canton que l'on habite. Les bons maîtres font les bons serviteurs. C'est là ce que prouve suffisamment l'exemple de ces cultivateurs que l'on rencontre partout, et qui ont su s'attacher des hommes qui les servent fidèlement. Depuis quelques années, on a institué dans diverses localités des primes en faveur des agents de la culture qui sont restés pendant longtemps au service du même maître. Il est certain que, dans presque tous les cas, ce sont les maîtres qui auraient mérité la prime beaucoup plus que leurs serviteurs ; et chacun peut, par des soins appliqués dans son intérieur, agir bien plus efficacement qu'on ne peut le faire par des primes, sur la moralité des valets de ferme.

Après avoir choisi, le mieux qu'il est possible de le faire, les agents dont on a besoin, il faut bien savoir tolérer en eux quelques défauts, si l'on tient à les conserver. Aucun homme n'est parfait, pas plus les maîtres que les serviteurs ; et l'on trouve de tels avantages à employer des hommes attachés au service d'une exploitation par une longue habitude, qu'il faut savoir faire avec eux la part de l'imperfection humaine. Il est, toutefois, des défauts avec lesquels on ne doit jamais transiger, et, dans ce nombre, il faut ranger l'inconduite grave et l'infidélité. Sur ce dernier point, un renvoi immédiat doit toujours être la peine de fautes même légères, quelque besoin que l'on puisse avoir des services du sujet qui s'en est rendu coupable. Il ne s'agit pas seulement de se défaire d'un homme qui manque de probité, mais d'apprendre à tous les autres à apprécier la gravité des fautes de ce genre: c'est ainsi qu'on fait entrer dans leur cœur les sentiments d'honneur auxquels sont plus sensibles qu'on ne le croit un grand nombre d'hommes de cette classe.

Une circonstance contribue beaucoup aussi à conserver la fidélité des serviteurs : ce sont les habitudes d'ordre du chef de l'exploitation. Là où toutes choses sont constamment rangées avec soin à la place qui leur est destinée, là où tout est compté, mesuré, et où des notes sont prises des entrées et des sorties des denrées et des ustensiles, on ne verra jamais s'introduire ces habitudes d'infidélité qui sont la suite naturelle des désordres d'administration, et qui se perpétuent chez beaucoup de personnes qui se livrent à la culture. Tous ces soins doivent être pris sans affectation et comme des moyens d'ordre intérieur, plutôt que comme des précautions de défiance; car, si l'on a des serviteurs fidèles, il importe beaucoup de leur témoigner de la confiance, et rien ne blesse davantage un homme probe qu'une défiance injuste. C'est au maître à reconnaître par l'observation jusqu'à quel point il peut compter sur la fidélité de chacun de ses gens; et il ne doit jamais rester au-dessous de cette limite, dans les témoignages de confiance qu'il leur donne. Les serviteurs probes, au reste, se plaisent ordinairement aux habitudes d'ordre intérieur qui mettent en évidence leur exactitude et leur fidélité.

Il est certain aussi que, si le maître veut être entouré d'agents probes et fidèles, la première condition est qu'il dirige lui-même sa conduite d'après les règles de la droiture et de la loyauté, tant dans ses rapports avec ses gens que dans ses affaires à l'extérieur. Les serviteurs jugent leurs maîtres sous ce rapport, avec une sagacité qu'aucune précaution ne pourrait tromper; et ce serait en vain que l'homme qui répand autour de lui des exemples de mauvaise foi ou de manœuvres coupables dans ses relations d'intérêts, croirait pouvoir se faire servir par des hommes probes et fidèles dans leurs rapports avec lui.

Les serviteurs doivent être bien traités pour le salaire et la nourriture; mais il ne convient pas de se placer, à cet égard, en dehors des usages habituels du canton que l'on habite. Les accroissements de salaire au delà des limites ordinaires ne doivent, du moins, être accordés que successivement, à l'époque des réengagements, et comme témoignage de satisfaction pour les services déjà rendus. C'est plutôt, au reste, par d'autres moyens, qu'il faut leur faire trouver agréable la position où ils se trouvent: par la douceur dans le commandement et surtout par une sévère équité, on ne manque pas d'atteindre ce but. Un bon maître contracte facilement un attachement réel pour ses serviteurs ; mais à cet égard il convient que ses démonstrations se bornent à celles d'une bienveillance générale, et qu'il évite des témoignages particuliers d'affection qui présentent trop souvent le caractère de faveurs personnelles qu'il doit éviter par-dessus tout.

Le commandement doit être ferme sans dureté ; et le maître ne peut pas trop s'attacher à chercher, dans chaque circonstance, la ligne qui sépare une sévérité outrée, de l'indulgence qui dégénère en faiblesse. Il est nécessaire, pour cela, qu'il se possède constamment lui-même, et qu'il s'impose la loi de réprimer les emportements auxquels il pourrait se laisser entraîner, ou du moins d'attendre que le calme soit rétabli dans son esprit, avant d'adresser des reproches ou de prendre une décision de quelque gravité. Il n'arrivera presque jamais qu'un serviteur manque au respect qu'il doit à son maître, tant que ce dernier conservera le calme et la modération dont un supérieur doit constamment donner l'exemple à ses subalternes. L'homme qui ne sait trouver de fermeté que dans la colère n'est pas fait pour commander à d'autres.

Les ordres doivent toujours être positifs et n'admettre aucune contradiction ; mais il faut se garder de prendre pour des contradictions les observations raisonnées sur les motifs qui pourraient engager à agir autrement que le maître n'en avait le projet : ce dernier doit, au contraire, accueillir avec intérêt ces observations, et les apprécier sans obstination et sans aucune prévention pour ses propres idées. Il est bon qu'il raisonne beaucoup avec ses gens sur les opérations qui sont à faire ; rien n'est plus propre à les encourager et à leur inspirer de l'intérêt pour la chose; mais, lorsque sa détermination est prise et qu'il l'a fait connaître, il doit exiger impérieusement qu'elle soit exécutée. Je dirai, à cet égard, que les hommes d'un caractère faible sont les seuls qui craignent les *valets raisonneurs;* car on ne se laisse entraîner dans les raisonnements qu'aussi loin qu'on le veut bien; et lorsqu'un maître, dont la fermeté est connue, a manifesté sa volonté par un ordre précis, personne n'est tenté de raisonner, ou il importe fort peu qu'on le fasse. Le maître doit comprendre, au reste, que, comme c'est lui qui reste juge, en définitive, de tous les avis, s'il les adopte, il les fait siens, et ne devra jamais rejeter la responsabilité des mauvais résultats sur ceux qui lui ont exprimé leur opinion: c'est lui qui a eu tort de suivre tel conseil, et il y aurait faiblesse à en imputer la faute à un autre. Il y aurait également faiblesse, de la part du maître, à se plaindre, en s'adressant à d'autres subordonnés, des fautes ou des négligences qui auraient pu être commises par l'un d'eux. C'est toujours à celui qui a mérité ces reproches qu'ils doivent être adressés.

Il est enfin une cause qui contribue, peut-être plus généralement qu'aucune autre, à donner aux agents de la culture les défauts qui forment le sujet des plaintes d'un si grand nombre de cultivateurs: cette cause est un vice dans l'exercice de l'autorité. Peu de personnes font attention à ce vice, parce qu'on se persuade généralement que c'est seulement dans un établissement qui compte un personnel nombreux qu'il peut être utile de régler, à l'aide d'une certaine organisation, la transmission des ordres entre le maître et les subordonnés. C'est là se tromper entièrement; et, dans les petites exploitations comme dans les plus grandes, l'exercice de l'autorité est soumis à certaines règles que l'on ne peut enfreindre sans les plus graves inconvénients.

Chaque individu ne doit jamais obéir qu'à un seul, et il doit savoir, dans chaque circonstance, à qui il doit obéir; de même que chacun doit savoir à qui il peut donner des ordres, sans craindre qu'ils soient contrariés par ceux qui seraient donnés par un autre. Dans ce peu de mots se trouve le secret de l'organisation hiérarchique dans la transmission des ordres : c'est le principe de *l'unité du pouvoir*, principe qui s'applique à toutes les positions où il se trouve des hommes qui doivent obéir à d'autres, et que l'on ne viole jamais sans que l'autorité soit faible et l'obéissance incertaine et irrégulière.

L'unité dans la responsabilité n'est pas moins importante que l'unité de pouvoir. Lorsque des ouvriers sont employés isolément à des travaux distincts, la responsabilité est personnelle pour chacun d'eux, c'est-à-dire qu'on pourra adresser à chacun les éloges ou les reproches qu'il pourra mériter dans l'exécution du travail. Mais, lorsque deux ou plusieurs hommes sont employés en commun au même travail, la responsabilité ne pèse plus sur personne; car toute responsabilité supportée en commun, ne fût-ce que par deux individus, est complétement illusoire. Ce sont paroles perdues que les recommandations ou les reproches que vous pourrez adresser indistinctement à quelques ouvriers travaillant en commun ; mais il en sera tout autrement si la responsabilité de l'exécution pèse sur l'un d'entre eux qui a reçu vos ordres, et qui est chargé de les faire exécuter. La responsabilité ne peut peser, en effet, sur un individu, relativement à un travail commun, qu'autant qu'il a autorité sur les autres. L'unité de responsabilité et l'unité de pouvoir sont donc deux conditions qui se lient essentiellement entre elles, et elles doivent être la base de toutes les dispositions que l'on prend dans l'exercice de l'autorité. Cela est vrai pour les exploitations où l'on n'emploie qu'un petit nombre d'hommes, et pour les plus petites opérations, tout comme pour les grands travaux et les plus vastes établissements.

« C'est une maison où tout le monde commande, » disent souvent les valets de ferme, en parlant de certaines exploitations. Qu'on se représente, en effet, un cultivateur qui a un ou deux grands fils, et trois ou quatre serviteurs de divers genres... Le père, la mère, les fils, quelquefois aussi la fille, donnent, chacun de leur côté, des ordres qui se croisent en tous sens. Le désordre est au comble dans un tel état de chose : les fils sont toujours en querelle entre eux et avec leur père : ce dernier s'emporte contre tout le monde. S'il arrive que la paix règne dans la maison, c'est parce qu'une inertie complète a été l'effet du découragement général. Dans tous les cas, le maître ne cesse de se plaindre de l'insubordination des valets et du défaut de soumission des enfants par le temps qui court. Il ne voit pas que la faute est à lui seul, et que tout le mal vient de ce qu'il ne sait pas exercer son autorité. Il sera rare qu'un valet reste une année entière dans une telle maison. Mais, si l'on observe de près comment les choses se passent presque partout, on trouvera ce désordre établi, quoiqu'à divers degrés, dans un très-grand nombre d'exploitations rurales ; et l'on sera peu surpris des habitudes d'inconstance qui caractérisent, en général, la classe des valets, qui circulent sans cesse d'une ferme à une autre. Tous les autres défauts qu'on leur reproche sont un effet naturel de cette inconstance et de ces changements perpétuels ; car un valet ne peut mettre quelque intérêt aux opérations dont il est chargé que lorsqu'il s'est attaché, par un séjour de quelque durée, à la maison pour laquelle il travaille. Les habitudes de paresse et d'insouciance sont toujours le résultat de ces transmigrations continuelles des serviteurs.

Que l'on observe, au contraire, comment les choses se passent chez un de ces cultivateurs assez rares qui sont bien servis, et qui conservent pendant longtemps leurs valets..... On trouvera que ce cultivateur est toujours un homme qui sait être le maître chez lui, et l'on remarquera que l'harmonie règne dans cette maison, et que les membres de la famille, de même que les serviteurs, se trouvent dans une position beaucoup plus douce et plus exempte de soucis et de tracasseries, que là où l'autorité ne peut être exercée sans contestation par personne, parce qu'elle est entre les mains de tout le monde. Il ne faut pas croire que le maître, homme de tête et de sens, donnera seul des ordres dans cette maison : il ne peut être présent partout, et il sera quelquefois absent ou malade. Le maître déléguera donc son autorité, soit temporairement pour une opération déterminée ou pour la direction générale des travaux, soit pour la conduite d'une branche spéciale de l'exploitation; mais il prendra ses mesures pour que ces délégations ne nuisent en rien à l'unité du pouvoir qui émane toujours de lui, dans chaque instant et sur tous les points. Le maître chargera, par exemple, un de ses fils ou un premier valet de la direction et de la surveillance des attelages, ou de la conduite des travaux de la moisson; ou, s'il entreprend un voyage, il chargera son épouse ou son fils aîné d'exercer son autorité tout entière pendant son absence. Il créera ainsi des *chefs de service* temporaires ou permanents, qui exerceront l'autorité sous ses ordres.

Le maître ne doit jamais oublier que, lorsqu'il a ainsi

délégué son autorité, il doit éviter avec grand soin de l'exercer lui-même dans la limite des opérations pour lesquelles elle a été déléguée ; car il détruirait ainsi l'unité du pouvoir. Il continuera de voir tout par lui-même autant qu'il le pourra; mais il doit mettre une grande attention à éviter de contrarier par des ordres personnels ceux que pourra donner le chef qu'il a revêtu de son autorité. C'est toujours à ce dernier qu'il doit donner ses ordres et ses instructions sur la manière dont il veut que chaque opération soit exécutée. Un maître ne doit craindre, en aucune façon, d'affaiblir sa propre autorité en la déléguant ainsi ; c'est, au contraire, le moyen de l'exercer dans toute sa plénitude.

Dans la vie agricole, les liens de la famille sont beaucoup plus étroits que dans les autres situations sociales : dans ces dernières, chaque nouveau membre de la famille prend presque toujours, sans quitter l'habitation commune, une direction qui lui est personnelle, dès que l'âge le met en état de se livrer à quelque occupation sérieuse. Chez les cultivateurs, au contraire, tous les membres de la famille concourent, à divers titres, à un but commun, l'exploitation des terres qui forment son patrimoine, ou qu'elle a prises à ferme. Il résulte de là que l'autorité du père de famille doit être beaucoup plus forte dans la classe des cultivateurs que dans les autres situations de la vie, car c'est là le seul moyen qui puisse régulariser le concours de tous à une opération commune. Mais si l'autorité du père de famille est ainsi en quelque sorte absolue, par la nature même des choses, un grand devoir lui est imposé comme conséquence nécessaire : c'est lui qui est chargé d'assurer le bien-être de tous ceux qui l'entourent. Presque toujours il est porté, par des sentiments d'affection, à accomplir cette tâche ; mais ce n'est pas là simplement pour lui une question de sentiment, c'est aussi une question d'intérêt. Le succès de son entreprise agricole dépend de là, car il ne peut être assuré que par le concours intelligent et zélé de tous les membres de la famille; et il ne peut compter sur ce concours, s'il ne sait pas les placer dans les conditions de tranquillité et de satisfaction qui peuvent seules les attacher aux intérêts communs, de même qu'elles peuvent seules assurer au maître, comme à tous ceux qui l'entourent, le bonheur de la vie de famille. Mais que le maître sache bien que, pour lui, le moyen le plus assuré d'atteindre ce but est d'exercer son autorité avec bonté et modération, mais d'une manière complète et sans faiblesse; car les désordres qui résultent de l'absence d'un pouvoir ferme au sein de la famille, placent tous les membres qui la composent dans la position la moins favorable à la tranquillité et au bonheur de chacun.

Pour les personnes qui sont restées jusque-là étrangères aux pratiques de l'agriculture, une cause particulière s'oppose souvent à ce qu'elles obtiennent de leurs agents l'obéissance nécessaire et un concours dévoué, et cette cause, il importe beaucoup qu'elles la connaissent bien: c'est le défaut de confiance agricole de la part des subordonnés. Pour cette espèce de confiance, comme pour toutes les autres, on ne l'obtient qu'en la méritant, et l'autorité n'y peut rien. Un propriétaire se détermine à faire valoir un domaine avec les connaissances qu'il a puisées dans les livres : il donne les ordres de son cabinet, souvent même il prétend diriger, de sa demeure à la ville, les opérations de la culture. Les difficultés ou les inconvénients de l'application, il ne peut pas les juger; et, s'il s'en présente, il les rejette sur l'incurie ou la mauvaise volonté de ses valets. Ces derniers, en effet, dans de telles circonstances, servent toujours mal, parce qu'ils travaillent avec dégoût, et en se moquant entre eux des opérations qu'on leur fait exécuter. Presque toujours le propriétaire se dégoûte lui-même, et quitte l'agriculture, en disant qu'il est impossible de rien faire avec une telle classe d'hommes. Mais si les occupations agricoles n'étaient pas pour lui une simple velléité, s'il consacre quelques années à s'instruire par la pratique et l'observation des faits, il reconnaîtra combien dans ses débuts il avait commis de fautes, et combien étaient justes certaines observations de ses gens qu'il mettait d'abord sur le compte de l'aveugle routine. L'homme le plus éclairé doit se dire, en entrant dans cette carrière, que ses valets, tout ignorants qu'ils sont, savent, relativement aux pratiques agricoles, beaucoup de choses qu'il ignore lui-même; et tout en restant le maître, c'est en les consultant et en jugeant par ses yeux la vérité de leurs observations, qu'il leur inspirera autant de confiance qu'il est possible qu'ils en placent en lui dans une telle position ; car il se montrera à eux comme un homme de sens et de bon jugement. Peu à peu, à mesure que l'expérience pratique qu'il acquiert ainsi le met à portée d'apprécier l'opportunité des observations d'autres modes de culture, s'il le fait avec intelligence et circonspection, s'il ne tente qu'en petit des essais douteux, s'il réussit dans les applications qu'il fera sur une plus grande échelle, il amènera ses gens à cette confiance sans laquelle l'autorité du maître ne peut obtenir un concours franc et dévoué. Dans quelque pays que ce soit, on peut être assuré de trouver ce concours dans les agents ordinaires de la culture, lorsqu'on saura bien s'y prendre pour l'obtenir.

Le choix que fait le maître de ceux auxquels il délègue

une portion d'autorité, mérite une grande attention de sa part. Il ne faut pas qu'il croie qu'il peut distribuer selon son caprice l'exercice de l'autorité : les hommes se soumettent difficilement au commandement de celui auquel ils ne reconnaissent pas une espèce de supériorité morale. D'ailleurs, en supposant que le choix ait été bon sous le rapport de l'intelligence, de la conduite et du dévouement aux intérêts du maître, tous les hommes ne sont pas propres à commander à d'autres ; et c'est une qualité que l'on rencontre même assez rarement parmi les habitants des campagnes. Cependant, en choisissant un homme d'un caractère ferme et modéré, il arrivera très-souvent que le maître pourra, par de bons conseils et une sage direction, le dresser à la tâche qu'il attend de lui, et le mettre en état de commander, soit à des valets d'attelage, soit à un atelier de manouvriers ; mais il est bien rare que l'on obtienne de tels sujets sans se donner la peine de les former soi-même. Si l'on trouve, après quelques tentatives, qu'un homme ne sait pas prendre l'autorité qu'on lui confie, s'il est mal obéi et s'il est disposé à se plaindre sans cesse des gens qui sont sous ses ordres, il est clair que c'est un homme qui n'était pas né pour le commandement ; et l'on aura souvent à se repentir de ce mauvais choix, parce qu'on se sera privé des services d'un bon ouvrier que l'on pourra difficilement replacer ensuite sous les ordres d'un autre.

Dans l'autorité que le chef de famille fait exercer par ses enfants, les conditions d'aptitude ne sont pas aussi rigoureuses, parce qu'il y a dans leur position quelque chose qui commande l'obéissance ; et il est rare qu'un père ne puisse pas se faire bien seconder par ses fils, lorsqu'il sait bien les diriger, et surtout lorsqu'il sait les maintenir strictement dans les limites de la part d'autorité qu'il a confiée à chacun d'eux.

Il importe beaucoup que les mêmes individus soient employés constamment au même genre d'opérations, soit comme chefs, soit comme subordonnés. C'est là une condition que l'on remplit beaucoup plus facilement dans les grandes exploitations que dans les petites, et il en résulte un immense avantage pour les premières. En effet, non-seulement les hommes exécutent mieux et en moins de temps ce qu'ils sont accoutumés à faire; mais rien ne dispose plus efficacement tous les individus à prendre intérêt aux opérations qu'ils exécutent, que cette application exclusive, d'où résulte pour eux l'idée que le succès est leur ouvrage. D'un autre côté, tous les hommes ne sont pas également propres à tous les genres d'opérations; et le maître ne peut trop s'attacher à reconnaître à quoi chacun a le plus d'aptitude par ses dispositions naturelles ou par ses habitudes, afin de placer chaque individu au poste où il peut se rendre le plus utile.

Le maître doit savoir ce qui se passe chez lui; cependant ce n'est jamais par la voie de l'espionnage qu'il doit se procurer cette connaissance. C'est un devoir pour ceux qui ont reçu de lui une part d'autorité de l'instruire de tous les actes blâmables des hommes placés sous leurs ordres; mais, de la part de tout autre, le maître ne doit pas tolérer de délations ou rapports de ce genre. Ces rapports sont toujours le fruit de petites passions personnelles, quoiqu'on les colore de l'intérêt du maître; et, lorsque celui-ci sera disposé à les accueillir, cette faiblesse est bientôt connue; elle produit des inimitiés continuelles entre les gens de service, parce qu'on suppose des rapports secrets, même lorsqu'il n'en existe pas : les caractères s'avilissent, parce que chacun cherche à se rendre agréable par des moyens d'espionnage, plutôt que par de bons et loyaux services ; et le maître lui-même compromet sa dignité envers tout le monde.

Pour le propriétaire qui veut confier à un seul agent, sous le nom de régisseur ou sous tout autre, la direction d'une grande exploitation rurale, les règles sont en tous points les mêmes, relativement à l'exercice de l'autorité. Le régisseur doit être entièrement sous les ordres du maître, qui étend ou limite, à sa volonté, les pouvoirs qu'il lui confie, relativement à l'exécution des opérations: mais ensuite il est indispensable que le régisseur exerce une autorité entière sur tout le personnel de l'exploitation, sans que ses ordres puissent jamais être contrariés par ceux que donnerait personnellement le maître, au nom duquel il exerce l'autorité. Par la même raison, le régisseur est seul responsable envers le maître de l'exécution des ordres qu'il en aurait reçus, et le maître, à cet égard, ne doit jamais adresser à d'autres qu'à lui des plaintes ou des reproches. Il se présente, au reste, assez souvent ici un genre d'inconvénient fort grave dans l'exercice du pouvoir : si le maître est étranger aux pratiques agricoles, il arrivera que le subordonné est supérieur pour la capacité spéciale, à celui dont il doit recevoir les ordres; et il résulte toujours de là une position fausse dont les fâcheuses conséquences ne tarderont pas à se faire sentir. Le maître lui-même ne pourrait y remédier en rendant le régisseur indépendant de sa propre autorité ; car il en résulterait une position encore plus fausse, et qui n'a jamais pu se prolonger, lorsqu'on a voulu faire cette tentative. Il n'existe qu'un seul remède à cet inconvénient, c'est que le propriétaire s'applique à acquérir promptement lui-même les connaissances spéciales qui lui sont nécessaires pour diriger le régisseur, du moins en appréciant les conseils que celui-ci pourrait lui donner, relativement à la marche des opérations. Alors, seulement, il pourra exercer réellement l'autorité, en approuvant ou en rejetant avec connaissance de cause les plans et les projets proposés par le régisseur. Ce n'est qu'à cette condition que les propriétaires français pourront employer les services d'agents de ce genre si communs en Allemagne. Dans ce dernier pays, les propriétaires résident généralement dans leurs terres, et sont très-familiarisés avec les opérations d'une exploitation rurale; ils se trouvent bien du service des régisseurs, parce qu'ils sont en état d'apprécier leur capacité et de diriger leurs opérations. Une classe d'agents de cette espèce se formera bientôt en France, lorsque les propriétaires pourront les placer dans la même position.

On ne peut assez insister sur l'importance des soins que les cultivateurs de toutes les classes doivent donner à l'administration du personnel de leurs exploitations: si ces soins sont bien dirigés, l'autorité peut être douce, parce qu'elle est ferme et assurée d'elle-même. Presque toujours les emportements et la dureté dans le commandement ont leur source dans les dégoûts et la mauvaise humeur mutuelle que le désordre et la désobéissance causent aux maîtres et aux subordonnés. Dans une exploitation où l'exercice de l'autorité est bien réglé, où le maître commande avec douceur, mais avec fermeté, tout le monde est satisfait de sa position, chacun prend intérêt à sa besogne, et les opérations sont bien exécutées, parce que tout marche de soi-même et comme par l'impulsion que reçoit un mécanisme dont toutes les parties sont bien d'accord entre elles. Là, on aura rarement à se plaindre de la mauvaise volonté des serviteurs. Parmi les cultivateurs qui ont éprouvé des revers dans leurs entreprises, si quelques-uns ont dû leur chute à des opérations agricoles mal calculées, il en est un bien plus grand nombre qui ont échoué par l'effet des désordres de l'administration intérieure, et surtout parce qu'ils n'ont pas su régler chez eux l'exercice de l'autorité; car cette dernière est l'âme qui donne le mouvement à toute la machine.

On a souvent remarqué que les hommes qui ont exercé un commandement dans l'état militaire réussissent mieux que d'autres dans la conduite d'une exploitation rurale: c'est uniquement parce qu'ils ont contracté des habitudes qui leur font sentir l'importance d'un certain ordre dans l'exercice de l'autorité. Quelques maîtres atteignent au même résultat sans avoir fait ce noviciat, mais parce que la nature leur a donné cette disposition que l'on peut appeler esprit d'organisation; et leur conduite est dirigée par un certain tact, plutôt que par des motifs dont ils se rendent bien compte à eux-mêmes. Mais chacun peut atteindre le même but, en se donnant quelque peine pour appliquer les principes sur lesquels est fondé l'ordre qu'il s'agit d'établir. Ces principes sont fort simples, comme on a pu le voir par ce qui précède, et l'application en sera facile pour tout homme doué à la fois d'un caractère ferme et modéré.

FIN.

TABLE DES MATIÈRES.

NANCY, IMPRIMERIE DE VEUVE RAYBOIS ET COMP.

www.ingramcontent.com/pod-product-compliance
Ingram Content Group UK Ltd.
Pitfield, Milton Keynes, MK11 3LW, UK
UKHW021941200726
13856UKWH00005B/852